城市应急安全通识

主编　杜桂潭

图书在版编目（CIP）数据

城市应急安全通识 / 杜桂潭主编 . —上海 : 同济大学出版社 , 2019.12
ISBN 978-7-5608-8871-2

Ⅰ . ①城… Ⅱ . ①杜… Ⅲ . ①城市－突发事件－安全教育－中国 Ⅳ . ① X4

中国版本图书馆 CIP 数据核字 (2019) 第 269902 号

城市应急安全通识

杜桂潭　主编

出 品 人： 华春荣
责任编辑： 吕　炜　李　杰
责任校对： 徐春莲
插图绘画： 李根龙　祁娇娜
装帧设计： 完　颖

出版发行： 同济大学出版社 www.tongjipress.com.cn
（地址：上海市四平路 1239 号　邮编：200092　电话：021-65985622）
经　　销： 全国各地新华书店、建筑书店、网络书店
印　　刷： 上海双宁印刷有限公司
开　　本： 787mm×1092mm　1/16
印　　张： 8.5
字　　数： 170 000
版　　次： 2019 年 12 月第 1 版　2019 年 12 月第 1 次印刷
书　　号： ISBN 978-7-5608-8871-2
定　　价： 58.00 元

版权所有　侵权必究　印装问题　负责调换

序一

阿杜，做了一件有意义的事情

《习近平谈治国理政》的第一篇文章是《人民对美好生活的向往就是我们的奋斗目标》，这是习近平总书记率领第十八届中央政治局常委同中外记者见面时的讲话。朴实的话语、坚定的立场宣告了中央领导集体执政为民的决心，是我们党价值思想的最佳表达，深深地打动和温暖了亿万中国人民的心。安居乐业是人民对美好生活最大的向往。民以食为天、民以安为地，顶天立地、国泰民安。没有安全，一切都是零。杜桂潭同志主编的《城市应急安全通识》很值得赞许。

肩负社会责任是杜桂潭一生的情怀。我与他相识，一直称他阿杜。

杜桂潭是上海市静安区第一届党代会代表、上海市第六届仲裁委员会仲裁员、浙商研究会研究员、上海应急消防工程设备行业协会会长、上海应急产业联盟理事长、上海环宇消防集团有限公司董事长兼书记。他先后荣获“上海市首届 119 消防奖先进个人”“上海政府质量金奖个人”“首届苏浙皖赣沪四省一市质量工作先进个人”“2010 年上海世博工作优秀个人”“上海市优秀党务工作者”以及改革开放 40 周年“创新浙商”等荣誉称号。

他于 1974 年 12 月光荣入伍，成为上海警备区的一名军人，12 年的军营生活为他树立了人生前进的方向。1978 年入党，1980 年转志愿兵，在上海警备区后勤部船运大队从事船舶物资供应与管理工作。1985 年在军队“大裁军”背景下，自愿转业回乡，任浙江省东阳市物资再生公司党支部书记。1992 年受邓小平南巡讲话感召，他下海经商创办了东阳市杜氏贸易有限公司。他是一名具有经商天赋的典型浙商，践行着“千辛万苦、千言万语、千方百计、千山万水”的浙商精神。1998 年 2 月进驻武警上海消防部队三产企业，1999 年年底，中央军委、国务院规定“军队不得经商”后，创立了今天的上海环宇消防集团，2014 年，公司发起并成立了上海消防工程设备行业协会。2017 年，协会联合 65 家长三角地区应急产业企业筹建了上海应急产业联盟。他在应急消防行业长期的实践中不断学习探索应急安全与产业融合发展的新路子，始终致力于应急消防安全事业的创新发展，着眼于服务政府、服务会员、服务企业、奉献社会，带领行业内的企业在发展道路上与时俱进，积极回应民生，响应群众呼声，将消防安全服务水平不断推向新的高度，不断为应急消防安全作出积极贡献。

普及公民安全常识有利于全社会。城市化进程既是财富积累的过程，也是风险积累的过程，城市规模越大，功能地位越重要，其脆弱性也越明显。因此，提高全民的忧患意识和风险意识，普及自救互救常识，是降低突发事件发生概率以及减少损失的最有效、最经济、最安全的办法。我国民众对公共安全知识普遍缺乏了解，公共安全意识较为薄弱，同时由于缺乏自我保护技能，当面对危险时，难以采取正确的措施保护自己和他人。这需要全社会共同努力来进行普及教育，要把公共安全教育纳入国民教育和精神文明建设体系。

阿杜，带了个好头。《城市应急安全通识》一书是他从事消防行业 20 多年来的经验积累和结晶，既有理论性，又有创新性和实用性，是一本较好的应急安全通识教育读本。

希望《城市应急安全通识》对广大市民珍惜生命、远离灾难、预防风险、减少突发事件发生有所裨益，关键时刻能帮助市民自救互救、防止伤残、减轻伤痛。

是为序。

彭俊勇

阿杜从一名转业军人成为优秀企业家，真不容易，向阿杜学习致敬！

消防老兵 陈飞

二〇一九年秋

序二

随着我国经济社会的迅速发展和人民群众生活水平的不断提升，一方面，人们广泛地对安全问题越来越敏感，越来越重视，因此，保障生命和财产安全已经成为人民美好生活的重要内涵之一；另一方面，由于人们对各类安全风险和突发安全事件的认识、防范以及应急措施，或一知半解，或应对不力，进而造成不必要的生命和财产的损失。

在这个大背景下，为了有效降低突发事件对人民群众和全社会带来的风险和损失，一方面，党和政府越来越重视各类安全问题，从中央政府到各级地方政府都设立了应急管理部门，为保障人民群众的生命和财产安全构建起一张广覆盖、强有力的安全网络；另一方面，随着人们安全意识的逐渐提高，也已经开始纷纷学习和掌握各类应急安全知识，掌握各种应急安全的本领。由杜桂潭先生主编的《城市应急安全通识》一书，恰恰可以在一定程度上满足这种不断增长的社会需求。

作为一名长期在应急消防安全领域耕耘 20 多年的知名企业家、上海应急消防工程设备行业协会会长杜桂潭先生比我们普通人更加意识到全社会应急安全的重要性，更加意识到传播应急安全常识的紧迫性，也更加意识到应急安全领域企业家沉甸甸的社会责任。正因为如此，才有了今天面向广大读者的《城市应急安全通识》这本书。

我衷心地希望《城市应急安全通识》能够为广大读者解疑释惑，为广大人民群众增强应急安全意识、提高应对安全风险和突发事件的能力，为全社会的应急安全作出贡献。

2019 年 9 月

前 言

当突发灾难、紧急事故或意外伤害不幸降临，在生死攸关的危难关头，在没有专家在场或救护人员到来之前，怎样自救互救、拯救生命、防止伤残、减轻伤痛？这个问题随着日益频发的城市灾难、事故，时时为城市居民敲响安全的警钟。为了便于广大市民进一步熟悉掌握应急安全知识，提高应对突发事件的能力和水平，本书汇编了市民在日常工作生活中极有可能遇到的常见突发安全事故，以期市民能够熟悉掌握相应的应急安全知识，尽可能减少某些类型的突发事件的发生，降低其对市民生活的危害和影响。

《城市应急安全通识》共分为十四节。首先对突发事件应急管理进行了概要介绍，包括突发事件的定义、分级，应急管理的定义，应急管理部组织架构及职责，应急遇险求救信号，应急求助电话等；然后从自然灾害、消防、交通、校园安全、家庭生活安全等方面分别介绍了相应的应急安全知识；最后介绍了常用绳结打法、紧急避难逃生器材以及公共安全宣传教育特定日等知识。

希望《城市应急安全通识》这本书能成为市民随身携带的“便携工具箱”，让市民了解掌握城市生活的应急安全技能，提高生活质量。

由于编写人员水平有限，不足之处，敬请读者批评指正！

2019 年 10 月

目 录

1

突发事件应急管理概述

突发事件的定义

突发事件是指突然发生，造成或者可能造成严重社会危害，需要采取应急处置措施予以应对的自然灾害、事故灾难、公共卫生事件和社会安全事件。这一定义明确了界定突发事件的四个要件。

1. 突发性

事件发生的准确时间、地点及危害程度难以预料，往往超乎人们的心理惯性和社会的常态秩序。

2. 破坏性

事件给公众的生命财产或者给国家、社会带来严重危害。这种危害往往是社会性的，受害对象也往往是群体性的。

3. 紧迫性

事件发展迅速，需要及时拿出对策，采取非常态措施，以避免事态恶化。

4. 不确定性

事件的发展和可能的影响根据既有经验和措施往往难以判断、掌控，处理不当就可能导致事态进一步扩大。

2014 年 12 月 31 日 上海外滩踩踏事件

2015 年 6 月 1 日 湖北东方之星沉船事件

突发事件的分类

《中华人民共和国突发事件应对法》将突发事件分为以下四类。

1. 自然灾害

自然灾害的本质特征体现在由自然因素直接所致，主要包括水旱灾害、气象灾害、地震灾害、海洋灾害、生物灾害和森林草原火灾等。

2. 事故灾害

事故灾害的本质特征体现在由人们无视规则的行为所致，主要包括工矿商贸等企业的各类安全事故、公共设施和设备事故、核辐射事故、环境污染和生态破坏事件等。

3. 公共卫生事件

公共卫生事件的本质特征体现在由自然因素和人为因素共同所致，主要包括传染病疫情、群体性不明原因疾病、食品安全、职业危害、动物疫情以及其他严重影响公众健康和生命安全的事件。

4. 社会安全事件

社会安全事件的本质特征体现在由一定的社会问题诱发所致，主要包括恐怖袭击事件、民族宗教事件、经济安全事件、涉外突发事件和群体性事件等。

需要强调的是，这四类突发事件往往是相互交叉和关联的，某类突发事件可能与其他类别的事件同时发生，或者引发次生、衍生事件，应当具体分析、统筹应对。

突发事件应急管理的原则

1. 以人为本，减少危害

切实履行政府的社会管理和公共服务职能，把保障公众健康和生命财产安全作为首要任务，最大限度地减少突发公共事件及其造成的人员伤亡和危害。

2. 居安思危，预防为主

高度重视公共安全工作，常抓不懈，防患于未然。增强忧患意识，坚持预防与应急相结合，常态与非常态相结合，做好应对突发公共事件的各项准备工作。

3. 统一领导，分级负责

在党中央、国务院的统一领导下，建立健全分类管理、分级负责，条块结合、属地管理为主的应急管理体制，在各级党委领导下，实行行政领导责任制，充分发挥专业应急指挥机构的作用。

4. 依法规范，加强管理

依据有关法律和行政法规，加强应急管理，维护公共的合法权益，使应对突发公共事件的工作规范化、制度化、法制化。

5. 快速反应，协同应对

加强以属地管理为主的应急处置队伍建设，建立协调联动制度，充分动员和发挥乡镇、社区、企事业单位、社会团体和志愿者队伍的作用，依靠公众力量，形成统一指挥、反应灵敏、功能齐全、协调有序、运转高效的应急管理机制。

6. 依靠科技，提高素质

加强公共安全科学研究和技术开发，采用先进的监测、预测、预警、预防和应急处置技术及设施，充分发挥专家队伍和专业人员的作用，提高应对突发公共事件的科技水平和指挥能力，避免发生次生、衍生事件；加强宣传和培训教育工作，提高公众防范应对各类突发公共事件的综合素质。

突发事件的分级

《中华人民共和国突发事件应对法》将突发事件分为四级：Ⅰ级（特别重大）、Ⅱ级（重大）、Ⅲ级（较大）、Ⅳ级（一般）。

海恩法则和墨菲定律

1. 海恩法则

海恩法则（Heinrich's Law）是德国飞机涡轮机的发明者德国人帕布斯·海恩提出的一个在航空界关于安全飞行的法则。海恩法则指出：每一起严重事故的背后，必然有 29 次轻微事故和 300 个未遂先兆以及 1000 个事故隐患。

海恩法则告诉我们，事故案件的发生看似偶然，其实是各种因素积累到一定程度的必然结果。任何重大事故都有端倪可查，都经过萌芽、发展和发生这样一个过程。如果每次事故的隐患或苗头都能得到重视，那么每一次事故都可以避免。

2. 墨菲定律

墨菲定律源自一个名叫墨菲的美国上尉，他认为“只要存在发生事故的原因，事故就一定会发生”，而且“不管其可能性多么小，早晚都会发生，并造成最大可能的损失”。

墨菲定律的另一种描述是：“人们做某件事情，如果存在一种错误的做法，迟早会有人按照这种错误的做法去做。”这就告诉我们，对任何事故隐患，都不能有丝毫大意，不能抱有侥幸心理，或对事故苗头和隐患遮遮掩掩，而是要想一切办法、采取一切措施加以消除，把事故案件消灭在萌芽状态。

“黑天鹅事件”和“灰犀牛事件”

“黑天鹅事件”(black swan event) 指非常难以预测且不寻常的事件，通常

“黑天鹅事件”与“灰犀牛事件”

会引起市场连锁负面反应甚至颠覆。17 世纪之前的欧洲人认为天鹅都是白色的，但随着第一只黑天鹅的出现，这个不可动摇的信念崩溃了。“黑天鹅事件”的名称由此而来。“黑天鹅”的存在寓意着不可预测的重大稀有事件，它在意料之外，却又改变着一切。

“灰犀牛事件”是指过于常见以至于人们习以为常的风险。灰犀牛体型笨重，反应迟缓，你能看见它在远处，却毫不在意，一旦它向你狂奔而来，定会让你猝不及防，直接被扑倒在地。它并不神秘，却更危险。

“黑天鹅事件”与“灰犀牛事件”犹如一对双生子，形象地提醒人们对大概率风险和厚尾风险都应保持足够的警惕。

“黑天鹅”一般是指超越认知、概率小而影响巨大的事件，而“灰犀牛事件”一般是指概率较大、潜伏期长、危险系数大的风险。因此，既要防止“黑天鹅”，又要防止“灰犀牛”，对各类风险苗头不能掉以轻心，也不能置若罔闻。

我国应急管理部组织架构及职责

（一）应急管理的定义

应急管理是应对特别重大事故灾害的危险问题提出的。应急管理指政府及其他公共机构在突发事件的事前预防、事发应对、事中处置和善后恢复过程中，通过建立必要的应对机制，采取一系列必要措施，应用科学、技术、规划与管理等手段，保障公众生命、健康和财产安全，促进社会和谐健康发展的有关活动。

（二）应急管理部组织架构及职责

1. 应急管理部组织架构

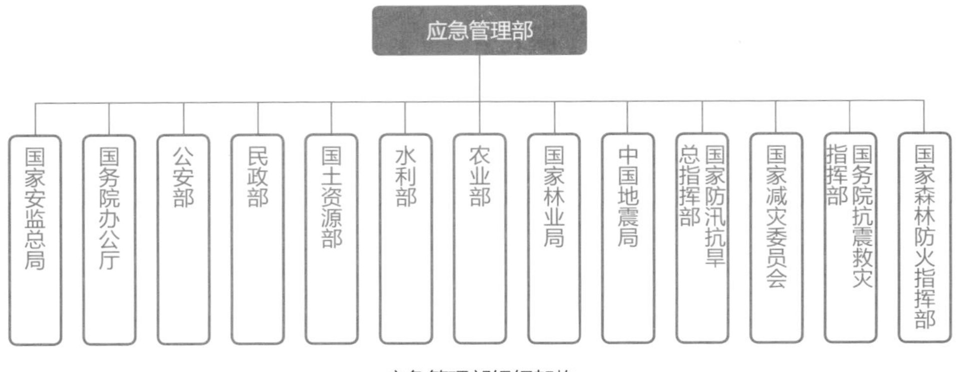

应急管理部组织架构

2. 应急管理部职责

2018 年 3 月 5 日，为贯彻落实党的十九大关于深化机构改革的决策部署，十九届中央委员会第三次全体会议研究了深化党和国家机构改革问题，作出如下决定：按照军是军、警是警、民是民原则，深化武警部队、民兵和预备役部队跨军地改革，推进公安现役部队改革。公安消防部队不再列入武警部队序列，全部退出现役，转为行政编制。公安消防部队以及武警森林部队将转制，作为综合性常备应急骨干力量由国务院新组建的应急管理部管理。

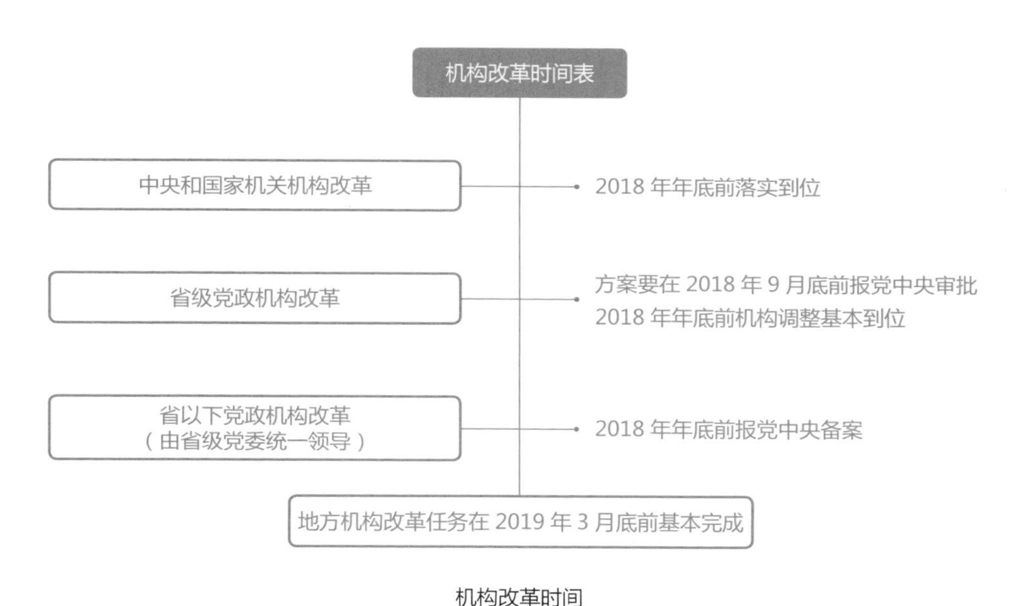

机构改革时间

主要职责：组织编制国家应急总体预案和规划，指导各地区各部门应对突发事件工作，推动应急预案体系建设和预案演练。建立灾情报告系统并统一发布灾情，统筹应急力量建设和物资储备并在救灾时统一调度，组织灾害救助体系建设，指导安全生产类、自然灾害类应急救援，承担国家应对特别重大灾害指挥部工作。指导火灾、水旱灾害地质灾害等防治。负责安全生产综合监督管理和工矿商贸行业安全生产监督管理等。公安消防部队、武警森林部队转制后，与安全生产等应急救援队伍一并作为综合性常备应急骨干力量，由应急管理部管理，实行专门管理和政策保障，采取符合其自身特点的职务职级序列和管理办法，提高职业荣誉感，保持有生力量和战斗力。应急管理部要处理好防灾和救灾的关系，明确与相关部门和地方各自职责分工，建立协调配合机制。

（三）应急管理部机关司局架构及职能

（1）办公厅（党委办公室）。负责机关日常运转，承担信息、安全、保密、信访、政务公开、重要文稿起草等工作。

（2）应急指挥中心。承担应急值守、政务值班等工作，拟订事故灾难和自然灾害分级应对制度，发布预警和灾情信息，衔接解放军和武警部队参与应急救援工作。

（3）人事司（党委组织部）。负责机关和直属单位干部人事、机构编制、劳动工资等工作，指导应急管理系统思想政治建设和干部队伍建设工作。

（4）教育训练司（党委宣传部）。负责应急管理系统干部教育培训工作，指导应急救援队伍教育训练，负责所属院校、培训基地建设和管理工作，组织指导应急管理社会动员工作。

（5）风险监测和综合减灾司。建立重大安全生产风险监测预警和评估论证机制，承担自然灾害综合监测预警工作，组织开展自然灾害综合风险与减灾能力调查评估。

（6）救援协调和预案管理局。统筹应急预案体系建设，组织编制国家总体应急预案和安全生产类、自然灾害类专项预案并负责各类应急预案衔接协调，承担预案演练的组织实施和指导监督工作，承担国家应对特别重大灾害指挥部的现场协调保障工作，指导地方及社会应急救援力量建设。

（7）火灾防治管理司。组织拟订消防法规和技术标准并监督实施，指导城镇、农村、森林、草原消防工作规划编制并推进落实，指导消防监督、火灾预防、火灾扑救工作，拟订国家综合性应急救援队伍管理保障办法并组织实施。

（8）防汛抗旱司。组织协调水旱灾害应急救援工作，协调指导重要江河湖泊和重要水利工程实施防御洪水抗御旱灾调度和应急水量调度工作，组织协调台风防御工作。

（9）地震和地质灾害救援司。组织协调地震应急救援工作，指导协调地质灾害防治相关工作，组织重大地质灾害应急救援。

（10）危险化学品安全监督管理司。负责化工（含石油化工）、医药、危险化学品和烟花爆竹安全生产监督管理工作，依法监督检查相关行业生产经营单位贯彻落实安全生产法律法规和标准情况，承担危险化学品安全监督管理综合工作，组织指导危险化学品目录编制和国内危险化学品登记，指导非药品类易制毒化学品生产经营监督管理工作。

（11）安全生产基础司（海洋石油安全生产监督管理办公室）。负责非煤矿山（含地质勘探）、石油（炼化、成品油管道除外）、冶金、有色、建材、机械、轻工、纺织、烟草、商贸等工矿商贸行业安全生产基础工作，拟订相关行业安全生产规程、标准，指导监督相关行业企业安全生产标准化、安全预防控制体系建设等工作，承担海洋石油安全生产综合监督管理工作。

（12）安全生产执法局。承担非煤矿山（含地质勘探）、石油（炼化、成品油管道除外）、冶金、有色、建材、机械、轻工、纺织、烟草、商贸等工矿商贸行业安全生产执法工作，依法监督检查相关行业生产经营单位贯彻落实安全生产法律法规和标准情况，负责安全生产执法综合性工作，指导执法计划编制、执法队伍建设和执法规范化建设工作。

（13）安全生产综合协调司。依法依规指导协调和监督有专门安全生产主管部门的行业和领域安全生产监督管理工作，组织协调全国性安全生产检查以及专项督查、专项整治等工作，组织实施安全生产巡查、考核工作。

（14）救灾和物资保障司。承担灾情核查、损失评估、救灾捐赠等灾害救助工作，拟订应急物资储备规划和需求计划，组织建立应急物资共用共享和协调机制，组织协调重要应急物资的储备、调拨和紧急配送，承担中央救灾款物的管理、分配和监督使用工作，会同有关方面组织协调紧急转移安置受灾群众、因灾毁损房屋恢复重建补助和受灾群众生活救助。

（15）政策法规司。组织起草相关法律法规草案和规章，承担重大政策研究工作，承担规范性文件的合法性审查和行政复议、行政应诉等工作。

（16）国际合作和救援司。开展应急管理方面的国际合作与交流，履行相关国际条约和合作协议，组织参与国际应急救援。

（17）规划财务司。编制国家应急体系建设、安全生产和综合防灾减灾规划并组织实施，研究提出相关经济政策建议，推动应急重点工程和避难设施建设，负责部门预决算、财务、装备和资产管理、内部审计工作。

（18）调查评估和统计司。依法承担生产安全事故调查处理工作，监督事故查处和责任追究情况，组织开展自然灾害类突发事件的调查评估工作，负责应急管理统计分析工作。

（19）新闻宣传司。承担应急管理和安全生产新闻宣传、灾情应对、文化建设等工作，开展公众知识普及工作。

（20）科技和信息化司。承担应急管理、安全生产的科技和信息化建设工作，规划信息传输渠道，健全自然灾害信息资源获取和共享机制，拟订有关科技规划、计划并组织实施。

（21）政治部。协助开展党的建设、思想政治建设和干部队伍建设工作。政治部日常工作由人事司、教育训练司等承担。

（22） 机关党委。负责机关和在京直属单位的党群工作。

（23）离退休干部局。负责机关离退休干部工作，指导应急管理系统离退休干部工作。

（四）区级应急管理局组织架构及主要职责

1. 应急管理局组织架构及职能

（1）办公室。负责机关日常运转，拟定机关管理工作制度并监督执行，承担文秘、信息、安全、机要、保密、政务公开、重要文稿起草、会务、组织人事、财务资产、信访、档案等工作。

（2）应急科。承担应急救援指挥综合性工作。拟订事故灾难和自然灾害分级应对制度，统一发布预警和灾情信息。协调指挥各类应急专业队伍，衔接有关单位参与应急救援工作。承担与区政府总值班室区应急联动中心、区城市运行综合管理中心等部门的日常对接。负责统筹应急预案体系建设，承担组织编制区总体应急预案，并负责各类监督工作。统筹加强应急救援队伍建设。组织编制并实施应急体系建设规划。负责应急管理统计分析工作。承担区突发公共事件应急管理委员会办公室日常工作。

（3）法制宣教科。负责应急管理系统干部教育培训工作。指导应急救援队伍教育训练。承担有关法制审核、行政复议和诉讼等工作。承担应急管理新闻宣传、舆情应对、文化建设等工作。开展公众知识普及、公共关系、社会动员等工作。承担应急管理科技和信息化建设工作，规划信息传输渠道，健全自然灾害信息资源获取和共享机制，拟订有关科技计划并组织实施。

（4）自然灾害综合管理科。负责自然灾害综合管理工作。负责全国综合减灾示范社区创建和日常工作。协调指导自然灾害防治相关工作，承担灾情核查、损失评估、救灾捐赠等工作。拟订应急物资储备和需求计划，组织协调重要应急物资的储备、调拨和紧急配送，承担救灾款物的管理、分配和监督使用工作。承担组织编制本区自然灾害类专项预案工作。承担本区自然灾害类突发事件应急救援指挥的现场处置协调保障工作。组织开展自然灾害类突发事件的调查评估工作。

组织编制并实施综合防灾减灾规划。

（5）安全生产执法监督科。承担工矿商贸行业安全生产基础工作和执法工作，依法监督检查相关行业生产经营单位贯彻落实安全生产法律法规和标准情况。负责安全生产执法综合性工作。指导执法计划编制、执法队伍建设和执法规范化建设工作。指导监督相关行业安全生产标准化、安全预防控制体系法律建设等工作。负责危险化学品安全监督管理综合工作，依法监督检查相关行业生产经营单位贯彻落实安全生产法律法规和标准情况。承担组织编制本区安全生产类专项预案工作。承担本区安全生产类突发事件应急救援指挥的现场处置协调保障工作。依法承担生产安全事故调查处理工作，组织开展事故查处和责任追究。

（6）安全生产综合协调科。承担安全生产综合监督管理具体工作，依法依规指导协调和监督有专门安全生产主管部门的行业和领域安全生产监督管理工作。组织协调安全生产检查以及专项督查、专项整治等工作。组织实施安全生产巡查、考核工作。组织编制并实施安全生产规划，承担区安全生产委员会办公室日常工作。

2. 应急管理局主要职责

（1）贯彻执行应急管理、安全生产的法律、法规、规章和方针、政策，研究起草应急管理、安全生产的规范性文件，研究拟订应急管理、安全生产的相关政策规定并监督实施。组织编制应急体系建设、安全生产和综合防灾减灾救灾规划。

（2）负责应急管理工作，指导区有关部门和各街道、镇应对安全生产类、自然灾害类等突发事件和综合防灾减灾救灾工作。负责安全生产综合监督管理和工矿商贸行业安全生产监督管理工作。

（3）指导应急预案体系建设，建立完善事故灾难和自然灾害分级应对制度，组织编制、修订区总体应急预案和安全生产类、自然灾害类区级专项应急预案。综合协调应急预案衔接工作，审核专项和部门应急预案，组织开展有关区级应急预案演练，推动应急避难设施建设。

（4）根据市相关部署，牵头建立区应急管理信息平台，协同有关部门完善信息传输渠道。建立健全自然灾害信息资源获取和共享机制。

（5）组织指导协调安全生产类、自然灾害类等突发事件应急救援，承担安全生产事故、水旱灾害等突发事件的应急指挥组织工作，协助区委、区政府指定的负责同志组织指挥应急救援工作。组织协调救灾工作。

（6）统一协调指挥区各类应急专业队伍，建立应急协调联动机制，协调区有关部门组织安全生产类、自然灾害类等突发事件的应急联动处置，加强应急救援队伍建设。

（7）负责协调指导消防监督、火灾预防、火灾扑救等工作。

（8）指导协调水旱灾害、地震和地质灾害等防治工作。

（9）组织协调水旱灾害、地震和地质灾害等灾害救助工作，组织指导灾情核查损失评估、救灾捐赠工作，管理、分配中央、市下拨的救灾款物并监督使用。

（10）依法行使安全生产综合监督管理职权，指导协调、监督检查区有关部门和各街道、镇安全生产工作，监督考核安全生产履职情况，组织开展安全生产巡查。

（11）按照分级、属地原则，依法监督检查工矿商贸生产经营单位贯彻执行安全生产法律法规情况，以及安全生产条件和有关设备（特种设备除外）、材料、劳动防护用品的安全生产管理工作。依法组织并指导实施安全生产准入制度。

（12）负责危险化学品安全生产监督管理综合工作和烟花爆竹安全生产监督管理工作，依法对危险化学品生产、经营、储存、使用企业的安全生产实施监督管理，对非药品类易制毒化学品生产、经营实施监督管理，对烟花爆竹生产、经营、储存实施监督管理。

（13）依法组织开展生产安全事故调查处理，组织开展自然灾害类突发事件的调查评估工作。

（14）制定实施应急物资储备和应急救援装备计划，会同区商务委员会（区粮食和物资储备局）建立健全应急物资信息和调拨制度，在救灾时统一调度。

（15）负责应急管理、安全生产宣传教育和培训工作，组织指导应急管理、安全生产的科学技术推广应用和信息化建设工作。

（16）完成区委、区政府交办的其他任务。

2

SOS 应急遇险求救信号

火光信号

在夜晚，点燃 3 堆火，将火堆摆成三角形，每堆火之间的间隔大致相等，尽量选择在开阔地带点火。

火光信号示意图

浓烟信号

白天，在火堆中添加绿草、树叶、潮湿的树枝等，以便产生浓烟，浓烟升空后与周围环境形成强烈对比。

浓烟信号示意图

光线信号

使用手电筒或镜子、罐头盖反射太阳光等方法，每分钟闪照 6 次，停顿 1 分钟，重复同样的信号。

光线信号示意图

旗语信号

将一面旗子或一块色彩鲜艳的布料系在木棒上，持棒运动时，在左侧长划，右侧短划，加大动作的幅度，做“8”字形运动。

旗语信号示意图

声音信号

可以采取大声喊叫、吹哨子或猛击脸盆等方法。呼喊求救的方式：三声短，三声长，再三声短，间隔 1 分钟后重复。

信息信号

用树枝、石块或衣物等在空地上堆出“SOS”“HELP”或其他求救字样，每个字至少长 6 米。

在沙滩上可以写“SOS”的求救信号

3

应急求助电话

拨打的紧急求助电话均不产生费用，但 12345、12315、12122 和 12339 为收费电话。

警匪电话 110

在遇到刑事、治安案件及群众突遇的和个人无力解决的紧急危难时需要求助情况下均可拨打 110。

报警内容：讲清报警求助、案件或灾害事故的基本情况，提供报警人所在位置、姓名和联系方式等。

报警后：若无特殊情况，应在报警地等候；有案发现场的，要注意保护现场，不随意翻动；除营救伤员外，不让任何人进入。

急救电话 120

我国统一的急救号码是 120。美国是 911，日本是 119，英国是 999，俄罗斯是 02。

呼救内容：在电话中讲清病人的详细地址、说清病人的主要病情、提供呼救者的姓名和联系方式。

呼救后：疏通搬运病人的过道，派人在住宅门口或交叉路口等候，并引导救护车的进出。准备好随病人带走的物品，如药品、衣物等。若是服药中毒的病人，要把可疑的药品带上；若是断肢的伤员，要带上离断的肢体等。

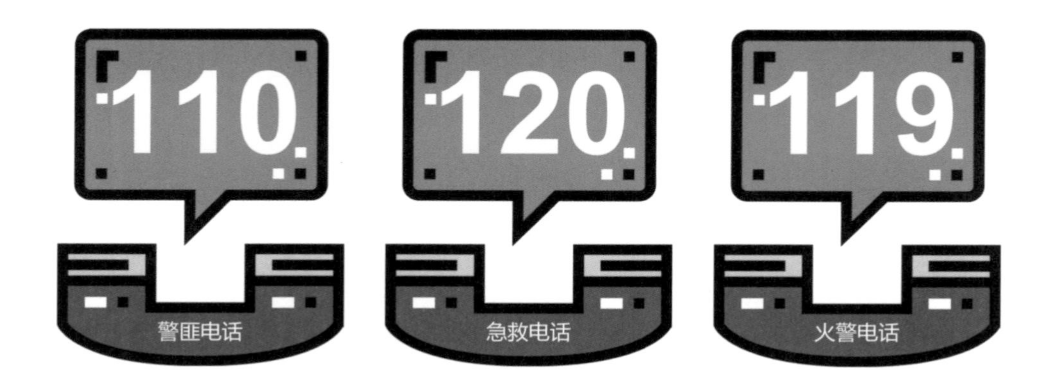

火警电话 119

遇到火灾、危险化学品泄漏等情况可拨打 119 报警。

报警内容：准确报出火灾发生的地址（如路名、弄堂名、门牌号或附近的标志性建筑物等）；火势情况（什么东西着火、火势大小、有没有人被困、有没有发生爆炸或毒气泄漏以及着火的范围等）；报警人的姓名和联系方式等。

报警后：打完电话后，立即派人到交叉路口等候消防车，引导消防车迅速赶到火灾现场。如火情发生了新的变化，要立即告知公安消防队，以便及时调整力量部署。

公安短信报警号码 12110

（1）在遇到刑事、治安案件及群众突遇的和个人无力解决的紧急危难需要求助情况下无法使用电话报警的失聪或语言障碍人士，或身处不方便或不能打电话的环境下（如在公共汽车上发生了抢劫案或是在家里发现了盗窃嫌疑人）可发短信至 12110 报警。

（2）市民只是向公安机关提供一般线索，而无需警察进行现场接案处理，如举报手机短信诈骗等。

（3）市民只是向公安机关提意见或建议，而并非紧急情况报警。

火灾隐患举报投诉电话 96119

96119 是 2011 年 11 月 9 日正式开通的火灾隐患举报投诉电话。在日常生活中，如发现以下消防安全违法行为和火灾安全隐患，可拨打 96119 电话举报：锁闭疏散通道、安全出口；挪用、损坏消防器材；占用消防车通道；在禁止烟火场所使用明火、乱扔烟头等。

森林火警电话 12119

12119 是全国统一的森林防火报警电话，一旦发现火情，要在第一时间拨打，报告火灾发生地点、火势等情况。

“12119”的含义是一年 12 个月，月月莫忘森林防火。

市民服务热线 12345（收费）

12345 电话用于非紧急类事务拨打，主要受理以下事务：

（1）对政府部门及工作人员职责、办事程序、行政审批、行政受理、招商引资等政策规定方面的咨询；

（2）对改革开放、经济建设、城市建设与管理等方面的意见和建议；

（3）对社会生活发生的劳动保障、医疗服务、教育、安全等需要政府解决的诉求；

（4）对企业生产经营和环境发展等方面需要政府协调解决的诉求；

（5）对政府部门及其工作人员的批评意见和投诉等。

拨打电话 12345，应注意以下几点：

（1）来电诉求须事实清晰，留下真实姓名及有效联系方式；

（2）诉求事项如涉及党委、人大、政协、军事、司法机关等方面的，市民应直接向这些单位的信访投诉部门反映；

（3）诉求事项已进入司法程序的（法院两审或已判决），市民应直接向市人大常委会、市委政法委或上一级司法机关反映；

（4）涉及生命、财产安全的紧急求助，市民应直接拨打 110、119 等应急电话；

（5）家长要对未成年人加强教育和管理，防止误拨误打；

（6）对于恶意骚扰电话，劝导无效后仍继续拨打的，公安部门一经查实将按《治安管理处罚法》相关规定追究责任。

消费者投诉举报热线 12315（收费）

12315 是 1999 年 3 月 15 日国家工商行政管理总局在全国设立的专门受理消费者投诉举报的专用电话，用于受理消费者申诉举报、调解消费者权益纠纷、查处侵害消费者权益案件和制售假冒伪劣商品等经济违法行为。

如遇以下情形，可拨打 12315：

（1）消费者权益受到侵害，被投诉方属于工商行政管理部门管辖时；

（2）消费者在消费过程中，合法权益受到侵害时；

（3）发现假冒伪劣商品及制售假冒伪劣商品的“黑窝点”时。

拨通 12315 电话后，如需投诉或举报，则按工作人员的提示回答问题，如实说出投诉的事实、理由及投诉请求，并说出自己的姓名、地址、电话号码或其他联系方式，以及被申诉方的名称、地址、电话。

消费者申诉案件，由经营者所在地工商行政管理机关受理，如商家在异地，需拨打商家所在地区号 +12315。

全国 12315 互联网平台和 12315 微信小程序已上线。

全国高速公路报警救援电话 12122（收费）

全国高速公路报警救援电话，供紧急高速公路事故报警使用。

12122 电话主要有三个功能：

（1）接受驾驶员在高速公路上的事故报警；

（2）驾驶员开车在高速公路上发生车辆抛锚、爆胎等突发情况，且无法挪移需要外部力量协助施救的报警；

（3）接受路况咨询。

国家机关受理公民和组织举报电话 12339（收费）

12339 电话是由国家安全部设立的，为了方便公民和组织向国家安全机关举报间谍行为或线索。

4

自然灾害应急安全常识

地震

1. 震前预防

（1）家中配备应急用品，如水、食物、手电筒等组成家庭应急包。

（2）家中配备消防器材，以便及时扑灭地震后可能引发的火灾。

（3）熟悉家庭环境，预先规划好应急逃生路线。

（4）经常组织家庭逃生应急演练，以防地震时惊慌失措。

（5）家人间互相约定地震后的联系方式及会合地点。

（6）不违法加盖楼房，不任意拆除墙、柱、梁、板等，以免破坏房屋结构。

（7）家具事先固定，将室内较重物品和易碎物品放置低处，并予以固定，以防地震时掉落砸伤人员。

（8）定期检查燃气管道、电线等，清楚总开关位置及关闭方法。

（9）记住自家附近的医院、公安局、消防队的电话，以便在灾害发生时寻求帮助。

2. 震时躲避

（1）地震发生时，先躲是王道。就地躲避，做好“趴下、掩护、稳住”动作。

避震原则：就地躲避，震后迅速撤离

（2）迅速关闭所有火源（包括电源和燃气）。

（3）打开大门，避免因地震造成门框变形而无法逃生。

（4）躲在狭小空间内，如卫生间、楼梯间等，或屋内承重梁、床、坚固的桌椅下。躲桌下时要用跪姿，手要稍微抓高一点，最好将头部顶住地面及桌角，要紧紧抓住一根桌脚，将头埋在臂弯之内。

地震时躲在坚固的室内家具下

（5）蹲下身体，用枕头、棉被、书包等物品保护头部，防止被砸。

（6）用毛巾、衣服等捂住口鼻，防止吸入粉尘。

（7）逃生时禁止乘坐电梯。

逃生时禁止乘坐电梯

（8）若睡梦中地震，要尽快起身，将身体蜷缩，用手臂或枕头保护头颈部。

（9）如在户外，应选择空旷地带避险，远离建筑物、广告牌等。

（10）如在学校，应立即躲在课桌或其他坚固物体旁，待震后再有序撤离。

（11）如在汽车上，立刻将车停靠路边，留在车内。停靠路边时，要尽量避开建筑物、天桥、电线、树木等。

3. 震后自救

震后还会不断发生余震，周围环境还可能进一步恶化，要尽量改善自己所处的环境，稳定情绪，设法脱险。

震后要快速撤离

（1）避开身体上方不结实的倒塌物、悬挂物等危险物品。

（2）如有烟雾、粉尘、异味等，设法用湿衣物捂住口鼻，保持呼吸。

（3）搬开身边可搬动的砖头等杂物，扩大活动空间，注意搬动时千万不要用强力，防止周围杂物一起倒塌。

（4）设法用砖石、木棍等支撑残墙断壁，以防余震时再度埋压。

（5）不要随便动用室内设施，包括电源、水源等，也不要使用明火。

（6）不要乱喊，保护体力，可用物品敲击发出声音进行求救。敲打技巧：敲三下，停一下，再敲三下，再停一下。

地震避险口诀

保持镇静勿慌张，切断用电煤气源。
身在高楼勿近窗，坚固家具好避处。
检查住所保性命，危楼勿近先离开。
公共场所要注意，争先恐后最危险。
震后电梯勿搭乘，楼梯上下要小心。
听从老师避桌下，顺序离室到空地。
室外行走避乘车，慎防坠物和电线。
行车勿慌减车速，注意四方靠边停。
收听广播防余震，自救互救勿围观。
避震演练要认真，时时防震最安全。

时间：2008年5月12日14时28分04秒

地点：四川省阿坝藏族羌族自治州汶川县

介绍：2008年5月12日14时28分04秒，四川省汶川县发生地震，震级为8.0级。

据民政部报告，截至2008年9月25日12时，四川汶川地震已确认有69227人遇难，374644人受伤，17923人失踪。

汶川大地震告诉我们，地震造成的破坏往往是难以预计的，毁灭一座城已经不再是传说。因地震的不确定性，就当前的监测设备、方法和技术，还不能提前做到准确、及时预测和预报，因此只有当地震来临时才能判定可能发生的后果，地震防范的准备工作往往只能是仓促的、随机的，而且是极不充分的。如果震级较高，伤亡和损失一般都很大。“5·12”汶川大地震给了我们血的教训，我们不得不反思，当地震来临时我们应该如何应对。

虽然地震危害到我们的概率极低，但这并不意味着我们不需要了地震自救的常识，因为每个人的生命都只有一次。目前，从国家至各级政府都从“5·12”地震灾害中吸取了教训，十分重视对地震的预防和应急救助，从上至下各级政府都已经成立了专业的应急救援机构、组织和力量，随时应对突如其来的灾害，以最大限度地降低和减少人民群众的生命财产损失。政府做了多方面的工作，但作为个人更应该掌握防范自救的常识。

发生地震时最忌慌乱无主。如果没有了解过地震自救常识，这样的心理反应非常普遍，因此只有正确掌握自救常识，才能在心理上做到临危不乱，采取正确的自救方法和措施。

以下介绍一个比较通用的基本概念：地震避险三角区。当发生地震时一定要找到一个可能构成三角区的空间去躲避。图中红线的区域，在没有办法及时逃离的情况下是相对安全的避险空间。

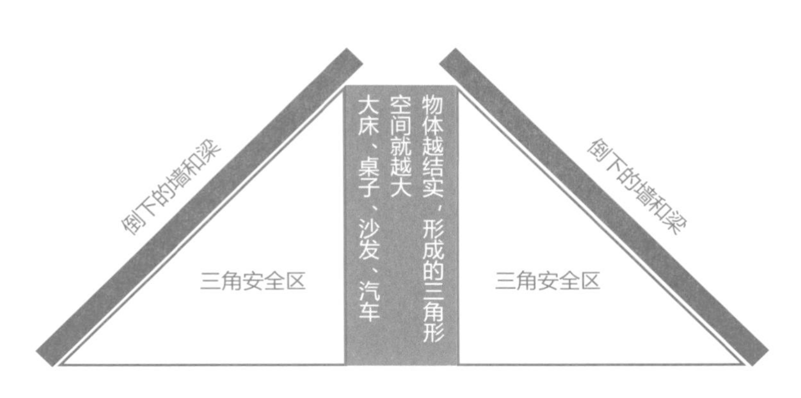

地震避险三角区

1. 在室内时

当不能迅速逃离建筑物时：

（1）可选择厨房、浴室、卫生间、楼梯间等空间小而不易塌落的空间躲避，也可以躲在墙根、内墙角、暖气包、坚固的家具旁边等易形成三角空间的地方。远离外墙、门窗，不要使用电梯，更不能跳楼。

（2）躲避时身体应采取蹲下或坐下的姿势，尽量蜷曲身体，降低身体重心，

“5·12”汶川大地震现场

额头枕在大腿上，双手保护头部。如果有条件，还应拿软性物品护住头部，用湿毛巾捂住口鼻。

（3）避开吊灯、电扇等悬挂物，不要躲在客厅或房间的中央部位。

（4）不要盲目慌张地向户外跑。地震发生后，慌慌张张地向外跑，可能会被碎玻璃、屋顶上的砖瓦、广告牌等掉落砸到，这是很危险的。此外，水泥预制板墙、自动售货机等也有倒塌的危险，不要靠近这些物体。

（5）当房屋倒塌，来不及跑时，可迅速躲到坚固的墙体塌下来时形成的三角安全区，趴在地下，闭目，保护要害，并用毛巾或衣物捂住口鼻，以隔挡呛人的灰尘。

（6）如果在公共场所，首先要做到冷静沉着，不能盲从。要听从现场工作人员的指挥，有序避险，如果不能逃离现场，在没有发生火灾的情况下，可暂时到地下空间场所（如地下民防工程、地下商场、地下车库等）避险。

四点提示：

一是震时要沉着冷静，及时正确反应，切忌慌乱无章。

二是不要躲在桌子、床铺下面，而是要以比桌子、床铺高度低的姿势，躲在桌子、床铺的旁边。

三是在地震第一时间关闭火源、电源、气源，处理好危险物品后，再行避险。如果再发生火灾，那么危险将会成倍加剧。

四是已经脱险的人员，震后不要急于回屋，以防余震。

2. 在户外时

（1）要避开高大建筑和建筑密集区域，要远离高压线及石化、化学、煤气等有毒的工厂或设施。就地选择开阔地带避险，蹲下或趴下，以免摔倒。

（2）驾车行驶时，尽快降低车速，靠路边停车。若地震时正在开车，切勿紧急刹车，要注意前后左右行驶车辆，降低车速，避开陆桥、高架桥，选择空旷处靠路边停车。

（3）避开高架桥、高烟囱、水塔等建（构）筑物。避开玻璃幕墙、高门脸、女儿墙、广告牌、变压器等危险物。

（4）在野外，避开河岸、陡崖、山脚，以防坍塌、崩塌、滑坡和泥石流。

（5）户外情况复杂，震时注意观察，选择恰当的方法避险，避免意外伤亡。

3. 震后自救

（1）巩固藏身地，尽量挪开身边可以移动的杂物，扩大生存空间，并利用砖石、木棍等支撑残垣断壁，以防余震时再被埋压。

（2）珍惜“饮用水”，尽力寻找水和食物并节约使用。若无法找到，尽可能找湿土吮吸，寻遍不获的话，必要时可以利用尿液补水，延长生存时间，耐心等待救援。

（3）要尽力保证一定的呼吸空间，如有可能，用湿毛巾或身上衣服捂住口鼻，避免灰尘呛闷发生窒息。

（4）保存体力，注意周围动静，伺机呼救。尽量节省力气，不要长时间呼喊，可用敲击的方法呼救。在周围十分安静或可以听到外面有人活动时，用砖、铁管等物敲打墙壁等，向外界传递信息。

（5）被压埋后，要坚定自救的勇气和信心，不断自我鼓励，自我强化求生欲望，始终保持积极态度，努力做到精神思想不崩溃。

4. 震后互救

（1）根据房屋居住情况以及家庭、邻里人员提供的信息判断，采取看、喊、听等方法寻找被埋压者。

（2）采用锹、镐、撬杠等工具，结合手扒方法挖掘被埋压者。

（3）在挖掘过程中，应首先找到被埋压者的头部，清理口腔、呼吸道异物，并依次按胸、腹、腰、腿的顺序将被埋压者解救出来。

（4）如被埋压者伤势严重，施救者不得强拉硬拖，应设法使被埋压者全身暴露出来，查明伤情，采取包扎固定或其他急救措施。

（5）对暂时无力救出的伤员，要使废墟下面的空间保持通风，递送食物，等时机再进行营救。

（6）对解救出的伤员马上进行评估，视情况分别进行心肺复苏、包扎、止血、镇痛等急救措施后，然后迅速送往医院。

特别提示：

一是要发扬人道主义精神，珍惜每一个生命，充满爱心。自觉坚持先救命、后救伤、不放弃、不抛弃的原则。

二是不要轻易站在倒塌物上。挖掘时要分清哪些是支撑物，哪些是埋压阻挡物，应保护支撑物，清除埋压阻挡物，才能保护被埋压者赖以生存的空间不遭覆压。

三是根据伤员的伤情采取正确的搬运方法。怀疑伤员有脊柱骨折的，要用硬板担架搬运，严禁人架方式，以免造成更大伤害。

台风

（1）准备食物、饮用水、药品等日用品，以及蜡烛、手电筒等应急用品。

（2）将阳台、窗台的花盆和杂物及时搬移到室内或其他安全地方，防止被大风刮落。

（3）加固户外悬空、高空设施以及简易、临时搭建物，必要时可拆除。

（4）居住在危险房屋的人员，应尽早自主转移。

（5）密切关注台风走向，掌握最新台风预警信号。

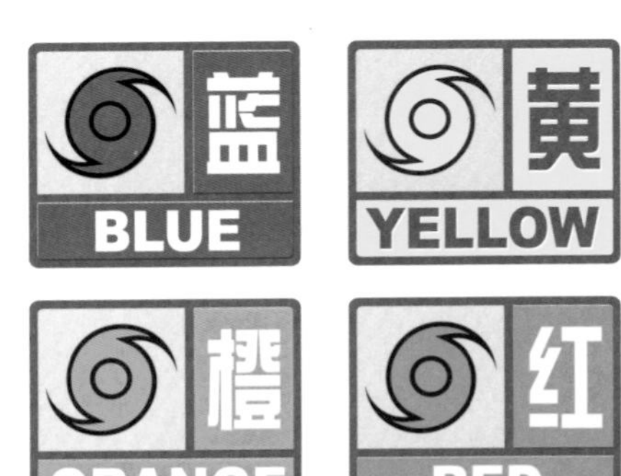

台风

（6）关闭门窗，拔掉所有电源插头，关闭电源和燃气总开关。

（7）待在安全坚固的房屋内，尽量不要外出；高空坠物，务必小心；室内进水、道路积水要绕开行走，以防意外；危棚简屋、临时工棚、破旧房屋内的人员要及时转移至安全场所。

（8）远离大树、简易建筑、高空设施和广告牌等，小心空中坠落物。

（9）台风会带来暴雨，小心积水，谨防触电。

（10）不要在沿江、沿海边及桥上逗留。

（11）开车的话应立即将车开到地下停车场或隐蔽处。

（12）若在帐篷里，则应立即收起帐篷，到坚固结实的房屋中避风。

海啸

1. 海啸前兆

（1）海岸地区地面强烈震动，可能是由海底地震引起，不久可能有海啸袭来。

（2）潮汐突然反常涨落，海平面显著下降或有异常巨浪产生。

（3）海水突然迅速后退，许多海生动物留在浅滩上。

海啸

2. 海啸防范应急要点

（1）感觉有地震发生或发现海水变色、大鱼异常跃出水面等地震前兆时，应立即离开海岸，向高地转移。

（2）如果收到海啸警报，必须迅速撤离海岸。

（3）若发现海水突然异常后退，则预示海啸即将到来，必须争分夺秒跑向高地，绝不贪恋捡拾海滩上的鱼虾等。

（4）海啸波不会只有一次，不能轻易放松警惕，不要返回海边。

雷击

（1）打雷时不要在无防雷设施的建筑物、车库、车棚、岗亭等低矮建筑内避雨，不要触摸金属装置。

（2）如在山区，迅速离开山顶或高的地方，找一个低洼处双脚并拢蹲下。

（3）在山洞内避雨时，不要触及洞壁岩石。

（4）建筑工地的工人要立即离开建筑物顶部。

（5）不宜在水面或水陆交界处作业、游玩。

（6）若感觉头发竖起、皮肤有发麻或刺痛感，则可能将要遭受雷击，立即下蹲抱膝，并尽量减少与地面接触的面积。

（7）在雷雨天，应尽量留在室内，关闭门窗，停止户外运动。

（8）关闭电源，拔掉电话线、电视机天线等。

（9）避免使用太阳能热水器。

（10）在空旷地带不要拨打和接听电话，尽量关闭手机。

（11）若雷击导致呼吸、心跳停止，应立即实施心肺复苏。

雷电

洪水

（1）居住在洪水易发区域，应自主配备救生衣等防汛应急物品。

（2）在雨季或强降雨后，切勿涉足溪涧。

(3) 发现水流突然湍急、浑浊或断流，这是山洪爆发的先兆，应迅速撤离河道。

(4) 洪水来临时，来不及转移的人员，应就近迅速向山坡、高地、楼顶、避洪台等安全地带转移。

(5) 在城市中遇到洪水，应迅速登上牢固的高层建筑避险，然后与救援部门取得联系。

(6) 驾驶汽车途中遭遇洪水，要迅速打开车门车窗，弃车向高处逃生。

(7) 如被困洪水中，可利用木板等能漂浮的材料扎成筏用于逃生。

(8) 如已被卷入洪水中，一定要尽可能地抓住固定的或能漂浮的东西，寻求机会逃生。

(9) 洪水中不要轻易尝试游泳逃生，不要攀爬带电的电线杆、铁塔，也不要爬到泥坯房的屋顶。

洪水

滑坡

(1) 一般除高速公路滑坡外，只要动作迅速都有可能逃离危险区段。

(2) 当处在滑坡体上时，首先应保持冷静，不能慌乱。

(3) 逃离时，以向滑坡两侧跑为最佳方向，向上或向下跑都有被掩埋的危险。

(4) 当遇无法逃离的高速滑坡时，不能慌乱，在一定条件下，如滑坡呈整体滑动时，原地不动或抱住大树等物，也是一种有效的自救措施。

龙卷风

（1）龙卷风来临时，最安全的地方是由混凝土建成的地下室。

（2）在家时，务必远离门、窗和房屋的外围墙壁，躲在与龙卷风方向相反的墙壁或小房间内抱头蹲下。

（3）龙卷风临近时，应及时切断燃气和电源，以免引起火灾或触电。

（4）在野外遇龙卷风时，应就近寻找低洼处伏于地面，但要远离大树、电线杆、广告牌、桥梁等，以免被砸、被压和触电。

（5）不要跑进大树旁的房屋内躲避。

（6）驾车外出遇到龙卷风时，千万不能开车狂奔躲避，也不要在车里躲避，因为车子对龙卷风几乎没有防御能力，应立即离开汽车，到低洼处躲避。

龙卷风

5

消防安全常识

火灾定义

火灾是指在时间或空间上失去控制的燃烧所造成的灾害。

火的应用和危害

火灾燃烧三要素

物质产生燃烧需要具备可燃物、着火源和助燃物，这就是燃烧的三要素。

1. 可燃物

可燃物是指能与空气中的氧气起燃烧反应的物质。如木炭、天然气、铁粉、汽油、酒精、食用油、开心果、面粉、糖粉、烟、洗面奶、化妆品等。

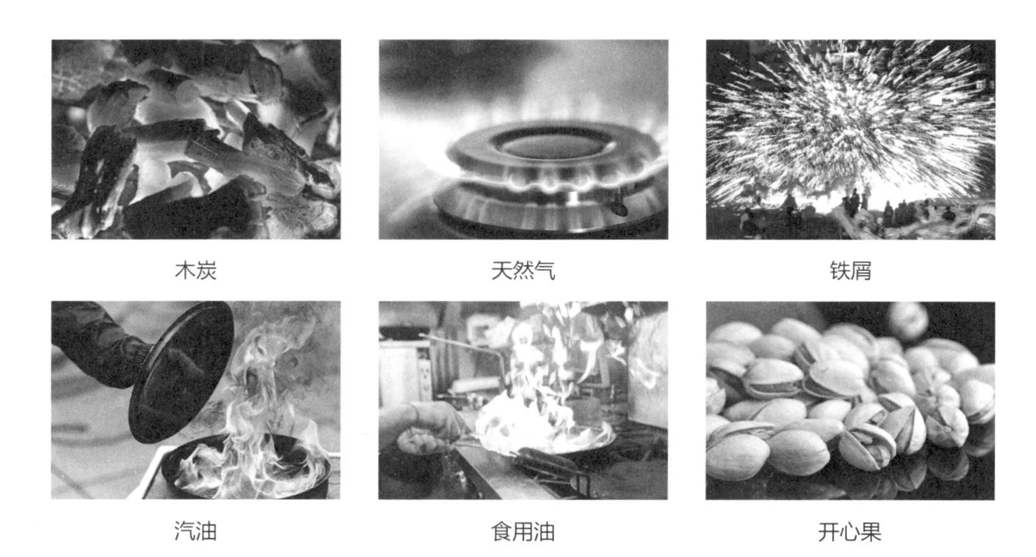

木炭　天然气　铁屑

汽油　食用油　开心果

面粉起火

烟气燃烧

防晒喷雾可燃试验

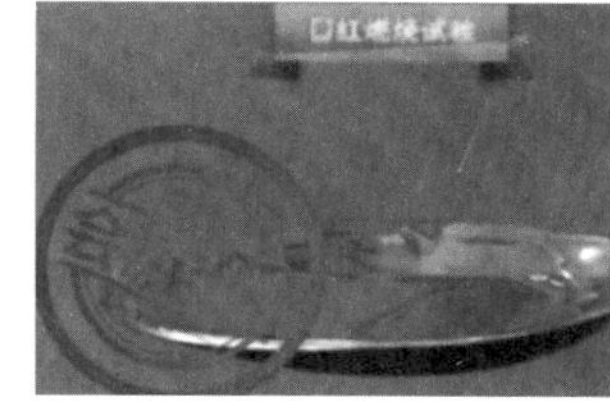

口红可燃试验

爽肤水可燃试验

2. 着火源

着火源是指能引起可燃物燃烧的热能源。

常见的火焰、火星、电火花、高温物体等都是能直接释放出热能的着火源。

间接转化为热能的着火源有静电放电、化学反应放热、光线照射、撞击与摩擦等。

着火源可以引起易燃易爆物品燃烧或爆炸，在生产生活实践中，必须加以控制，以免发生火灾或爆炸事故，以下都是为了控制着火源而采取的措施。

（1）在高楼上安装避雷针可防雷击。

（2）油罐车尾部有金属链条直拖地面，防止静电积聚，引发燃烧。

（3）在火灾、爆炸易发场所（如加油站、液化气站），禁止吸烟，不穿带钉子的鞋，以防止产生火花，引燃可燃物。

（4）生活中，电吹风、电熨斗等电热器具用完后，应及时切断电源，此外，切不可用电灯烘烤可燃物等。

3. 助燃物

助燃物是指本身不能燃烧，但在其他物质燃烧时能提供燃烧所需氧的物质，如空气等。

火灾的成因

1. 电气

电气原因引起的火灾在我国火灾中居首位。电气设备超负荷、电气线路接触不良和短路等都是电气引起火灾的直接原因。电气设备故障或电器设备设置和使用不当是导致火灾的间接原因。

配电箱电气线路短路起火

2. 吸烟

烟蒂和点燃烟后未熄灭的温度可达到 800°C，能引起许多可燃物质燃烧，在起火原因中，占有相当的比重。

3. 生活用火不慎

生活用火不慎主要是指居民家庭生活用火不慎，如：烹煮食物忘了关火引起火灾；炊事用火中炊事器具使用不当、安装不符合要求，在炉灶的使用过程中违反安全技术要求引起火灾；家中烧香祭祀过程中无人看管，造成香灰散落引发火灾等。

生活用火不慎引发火灾

4. 生产作业不慎

生产作业不慎主要是指违反生产安全制度引起火灾。

违反动火作业制度引起火灾

5. 设备故障

在生产或生活中，一些设备疏于维护保养，导致在使用过程中无法正常运行，因摩擦、过载、短路等原因造成局部过热，从而引发火灾。

电动车自燃

6. 玩火

未成年儿童因缺乏看管而玩火取乐，也是造成火灾发生常见的原因之一。

7. 放火

放火主要是指采用人为放火的方式引起火灾。一般当事人以放火为手段达到某种目的。这类火灾为当事人故意为之，通常经过一定策划准备，因而往往不能得到初期救助，火灾发展迅速，后果严重。

8. 雷电

在雷击较多的地区，建筑物上如果没有设置可靠的防雷保护设施，便有可能发生雷击起火。

灭火的基本方法

1. 隔离法

将着火的地方或物体与周围的可燃物隔离或移开，燃烧就会因缺少可燃物而停止。如：

（1）将靠近火源的可燃、易燃和助燃的物品搬走。

（2）将着火的物体移到安全的地方。

（3）关闭可燃气体、液体管道的阀门，减少和终止可燃物进入燃烧区域等。

2. 窒息法

阻止空气流入燃烧区域或用不燃烧的物质冲淡空气，使燃烧物得不到足够的氧气而熄灭。如：

（1）用锅盖覆盖在起火的油锅上。

（2）用石棉毯、湿麻袋、黄沙等不燃烧或难燃烧物质覆盖在着火物体上。

（3）封闭起火的船舱及建筑的门窗、孔洞等，盖上设备容器的顶盖，窒息燃烧源等。

3. 冷却法

将灭火剂直接喷射到燃烧物上，以降低燃烧物的温度。当燃烧物的温度降低到该物的燃点以下时，燃烧就停止了；或者将灭火剂喷洒到火源附近的可燃物上，防止受热辐射影响而起火。水是常见的灭火剂。

4. 化学抑制灭火法

将化学灭火剂喷入燃烧区使其参与燃烧的化学反应，从而使燃烧停止。如往着火物上喷射干粉灭火剂等。

感烟火灾探测器

感烟火灾探测器是一种用于检测火灾燃烧或热解过程中产生的固体或液体微粒的探测器。火灾报警器在早期发现火灾方面起到很重要的作用，正确安装可以在第一时间注意到火灾的发生，以便及时处置。

建议每个家庭都应该安装和维护烟雾报警器。每个探测器的保护面积为25～40 平方米，应安装在每个卧室、客厅，家中每一层天花板、楼梯顶等有人的空间屋顶。

一旦听到报警器的报警声，应立即确认是否发生火情，并采取相应的应对措施。

（1）如果人在起火房间，应该立即逃离，同时大叫“失火了”3 次以上，逃出房间后立即将房门关上。

（2）如果人在非起火房间，摸门察看，判断是逃还是躲。

（3）如果没有火灾，则为探测器误动作，应排除探测器故障。

至少每月使用测试按钮测试一次烟雾报警器。家里的每个人都应明白报警器的声音，并知道如何回应。

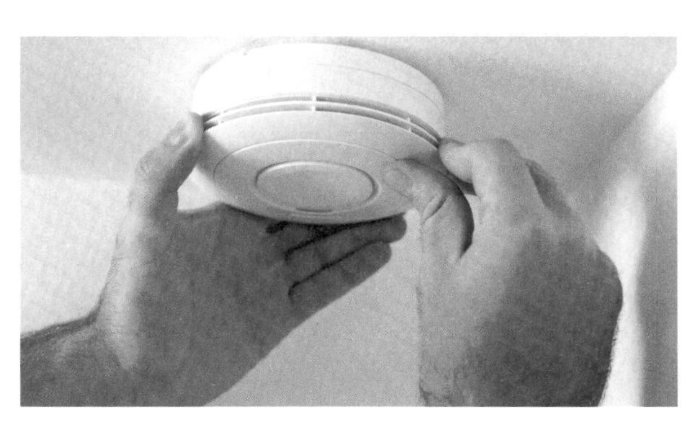

安装独立式感烟探测器

常见专业灭火设施器材的使用

1. 干粉灭火器

（1）拔掉铅封，拉出保险销。

（2）左手握着喷管，右手抓着压把。

（3）对着火苗根部（2.5 米内）压下压把进行灭火。

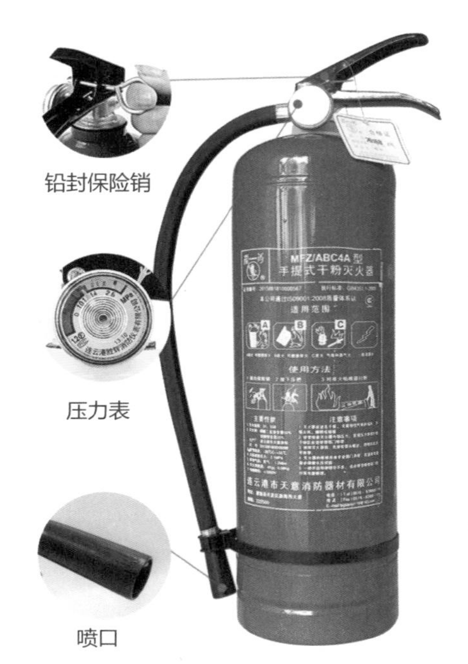

干粉灭火器

（4）火熄灭后以水冷却除烟以防复燃。

应经常检查灭火器的压力表。指针指向红色代表压力不足，不能使用；指向绿色代表压力正常；黄色代表压力过高。

2. 二氧化碳灭火器

（1）拔开保险栓。

（2）站在距火源 2 米的地方，左手拿着喇叭筒，右手压下压把。不要接触金属部分，以防冻伤。

（3）对准火焰根部，兜围着火焰，直至把火喷灭。

二氧化碳灭火器

3. 消防软管

消防软管是一种小型的固定灭火设施，一般安装在室内消火栓箱内。

使用方法：打开箱门，搬动消防软

管卷盘，拖拽消防软管（消防水喉），打开阀门和水喉阀门，对准火源根部灭火。

注意事项：消防软管卷盘的喷枪也有几种类型，可以根据不同类型掌握相应的使用方法，要注意是喷雾还是直流。定期检查，确保好用。

4. 灭火毯

灭火毯也称为消防被、灭火被、防火毯、消防毯、阻燃毯、逃生毯。对于须远离热源体的人、物是一个最理想和有效的外保护层，并且非常容易包裹表面凹凸不平的物体，是企业、商店、船舶、汽车、民用建筑物上的一种简便的消防灭火工具，特别适用于家庭厨房、宾馆、娱乐场所、加油站等一些容易着火的场合，可防止火灾蔓延。

灭火毯的使用方法如下：

（1）快速取出灭火毯，双手握住两根拉带，将灭火毯轻轻抖开，护住双手，做盾牌状拿在手中。

（2）将灭火毯轻轻地覆盖在火焰上，同时切断电源或气源，灭火毯应持续覆盖在着火物体上直至着火物体完全熄灭，以及可燃物的温度降至燃点以下，才能移开。

（3）待着火物体熄灭，灭火毯冷却后，将灭火毯裹成一团作为不可燃垃圾处理。

（4）如果人身上着火，则将灭火毯抖开，完全包裹于着火人身上扑灭火源，并迅速拨打 119 和 120 急救电话。

灭火毯灭火

使用注意事项：请将灭火毯牢固置于方便易取之处（例如室内门背后、床头柜内、厨房墙壁、汽车后备箱等），并熟悉使用方法。每 12 个月检查一次灭火毯。如发现灭火毯有损坏或污染须立即更换。使用时，注意保护好双手，用灭火毯覆盖封住火源。

火灾逃生方法

1. 湿巾捂鼻法

火灾中，大多数人是吸入烟雾致死的。这是由于烟雾具有窒息性和毒性，人吸入烟雾容易引起呼吸道烫伤或中毒，应用湿毛巾捂住口鼻或使用防毒面具逃生。

2. 湿物护身法

用浸湿的棉被、毛毯、棉大衣盖在身上，在确定逃生线路后，快速逃出火场，并冲到安全区域。

湿巾捂鼻法

湿物护身法

3. 弯腰匍匐法

火灾中，因烟雾在上，为减少闷呛，逃生过程中应尽量将身体贴近地面，匍匐或弯腰逃生。

弯腰匍匐法

4. 被单拧结法

把床单、被罩或窗帘等撕成条，扎紧、扎实并拧成麻花状，绑在床头或栏杆等处固定，可连接起来当成绳索使用。

5. 绳索自救法

将绳索一端固定在门、窗框或重物上后，顺绳爬下。注意手脚并用，并用手套、毛巾等保护手部。

被单拧结法

绳索自救法

6. 逆风疏散法

根据风向确定疏散方向，向火场上风向逃离，躲避火焰和烟气。

7. 楼梯转移法

火势蔓延将楼梯封死时，可通过天窗迅速爬到屋顶转移到另一户人家或另一单元的楼梯疏散。

逆风疏散法

楼梯转移法

8. 管线下滑法

发生火灾时，可以顺着建筑外墙或阳台的落水管、电线杆、避雷针引线等竖直管线，滑向地面。

9. 竹竿插地法

被火困在房间时，可将结实的晾衣杆、竹竿直接从阳台或窗户口插到室外地面或下层平台，固定好后顺杆滑下。

管线下滑法

竹竿插地法

10. 攀爬避火法

屋内着火时，可以攀爬到阳台、窗台的脚手架、雨篷等凸出物，以躲避火势。

11、搭桥过渡法

高层居民在阳台、窗台、屋顶平台处用木板、竹竿等坚固的物体，搭至相邻单元或建筑，以此作为过渡工具转移至相对安全的区域。

攀爬避火法

搭桥过渡法

12. 毛毯隔火法

将毛毯等物钉或夹在门上，并不断浇水冷却，防止外部火焰及烟雾侵入，抑制火势蔓延，延长逃生时间。

13. 火场求救法

在窗台、阳台或屋顶处，向外大声呼救，敲击金属物品或投掷软质物品，白天挥动鲜艳布条，夜间挥动手电或白布引起救援人员注意。

毛毯隔火法

火场求救法

14. 铺垫跳楼法

切勿轻易跳楼，只有在万不得已时，低楼层居民才可考虑跳楼逃生，但要选择地形落差较小的地块作为着地点，并先将床垫、沙发垫、厚棉被等抛下作为缓冲物，身体重心尽量放低，做好准备后再跳下。中高楼层居民切不可采用此种逃生方法。

铺垫跳楼法

消防设施简介

建筑内主要配置的消防设施包括：建筑防火分隔设施、安全疏散设施、火灾自动报警系统、灭火系统等。

（一）建筑防火分隔设施

常用的防火分隔设施主要有防火门、防火卷帘等。

1. 防火门

防火门是指在一定时间内能满足耐火稳定性、完整性和隔热性要求的门。它是设在防火分区间、疏散楼梯间、垂直竖井等具有一定耐火性的防火分隔物。防火门除具有普通门的作用外，更具有阻止火势蔓延和烟气扩散的作用，可在一定时间内阻止火势的蔓延，确保人员疏散。

高层居民住宅在楼梯间、电梯间一般设置常闭式防火门。这些部位的防火门应处于关闭状态，平时不要强行将常闭防火门置于开启状态。在火灾逃生过程中也应随手关闭。

也有一些高层公共建筑中的人员密集场所如商场等会设置常开式防火门。这些门平时常开，火灾时会由火灾报警器将探测到的信号传给联动控制装置来实施关闭。

防火门

2. 防火卷帘

防火卷帘是在一定时间内，连同框架能满足耐火稳定性和完整性要求的卷帘，一般设置在电梯厅、自动扶梯周围，中庭与楼层走道、过厅相通的开口部位，生产车间中大面积工艺洞口以及设置防火墙有困难的部位等。

防火卷帘

（二）安全疏散设施

常用的安全疏散设施包括安全出口、疏散楼梯、疏散（避难层）走道、消防电梯、屋顶直升机停机坪、消防应急照明和安全疏散指示标志等。其中较为常见的主要有安全出口、疏散楼梯、疏散走道、消防应急照明和安全疏散指示标志等。

1. 安全出口

安全出口是供人员安全疏散用的楼梯间、室外楼梯的出入口或直通室内外安全区域的出口。一般建筑的每层应设置不少于 2 个安全出口。

疏散门是人员安全疏散的主要出口，学校中常见的就是教室的门，一般不少于 2 个疏散门。

2. 疏散走道

疏散走道是指发生火灾时，建筑内人员从火灾现场逃往安全场所的通道。疏散走道的设置应保证逃离火场的人员进入走道后，能顺利地继续通行至楼梯间，

教室安全出口

到达安全地带。学校中常见的疏散走道就是教学楼和宿舍楼内的走廊。

3. 火灾应急照明和疏散指示标志

火灾应急照明是在发生火灾时，为了保证人员的安全疏散以及消防扑救人员的正常工作，必须保持一定电光源的照明。

疏散指示标志是为防止疏散通道在火灾下骤然变暗而保证一定的亮度，抑制人们心理上的惊慌，确保疏散安全，以显眼的文字、鲜明的箭头标记指明疏散方向，引导疏散的信号标记照明。

应急照明与疏散指示标志

（三）火灾自动报警系统

火灾自动报警系统是以实现火灾早期探测和报警，向各类消防设备发出控制信号并接收设备反馈信号，进而实现预定消防功能为基本任务的一种自动消防设施。

火灾自动报警系统由火灾探测报警系统、消防联动控制系统、可燃气体探测报警系统及电气火灾监控系统组成。

火灾探测报警系统由触发器件、火灾探测器、火灾报警及警报装置、电源等组成。它能及时、准确地探测被保护对象的初期火灾，并作出报警响应，从而使建筑物中的人员有足够的时间在火灾尚未发展蔓延到危害生命安全的程度时疏散至安全地带，是保障人员生命安全的最基本的建筑消防系统。

1. 触发器件

手动火灾报警按钮具有在应急情况下人工手动按下按钮启动火警警报和报警功能。手动报警按钮为红色外壳的触发装置，一般安装在墙面 1.3 ～ 1.5 米的高度。当人们发现火情后，可通过安装于走廊、楼梯口等处的手动报警按钮进行人工报警，安装于上部的声光报警器就会鸣响发出警报。同时，报警按钮上的火警确认灯会点亮，这个状态表示火灾报警控制器已经收到火警信号，并且确认了现场位置。现场处置后，手动火灾报警按钮需要专用钥匙来进行手动复位。

手动报警按钮

2. 火灾探测器

火灾探测器根据探测火灾参数的不同，通常分为感烟、感温、感光、气体、复合五种主要类型。常见的是感烟火灾探测器和感温火灾探测器。

（1）感烟火灾探测器

感烟火灾探测器是一种用于检测火灾燃烧或热解过程中产生的固体或液体微粒的探测器，作为早期火灾报警是非常有效的，其使用率约占各种火灾探测器的80% 以上。

（2）感温火灾探测器

感温探测器对火灾发生时的温度敏感，适合安装在起火后产生烟雾较小的场所。平时温度较高的场所和环境一般不宜安装感温火灾探测器。

感温火灾探测器

3. 火灾报警及警报装置

在火灾自动报警系统中，用以接收、显示和传递火灾报警信号，并能发出控制信号和具有其他辅助功能的控制指示设备称为火灾报警装置。火灾报警控制器

声光报警器

就是其中最基本的一种。

在火灾自动报警系统中，用以发出区别于环境声、光的火灾警报信号的装置称为火灾警报装置。如声光报警器、警铃等。它以声、光和音响等方式向报警区域发出火灾警报信号，以警示人们迅速进行安全疏散，以及采取灭火救灾措施。

4. 电源

火灾自动报警系统属于消防用电设备，其主电源应当采用消防电源，备用电源可采用蓄电池。系统电源除为火灾报警控制器供电外，还为与系统相关的消防控制设备等供电。

（四）灭火系统

消防灭火系统类型一般分为气体灭火系统、泡沫灭火系统、防排烟系统、消防栓系统、灭火器材和自动喷水灭火系统。

消防给水设施通常包括消防供水管道、消防水池、消防水箱、消防水泵、消火栓、消防稳（增）压设备、消防水泵接合器等。

1. 消防栓系统

（1）室内消火栓

室内消火栓由建筑室内管网向火场供水，带有阀门的接口，是建筑室内固定消防设施，通常安装在消火栓箱内，与消防水带和水枪等器材配套使用。

（2）室外消火栓

室外消火栓是设置在建筑物室外消防给水管网上的供水设施，主要作用是为消防车提供连续供水。消火栓的上部是开闭阀门，两侧稍小的口径也可以直接连接消防水带，水枪出水灭火。

室内消火栓

2. 自动喷水灭火系统

自动喷水灭火系统由洒水喷头、报警阀组、

喷头示例

水流报警装置（水流指示器、压力开关）等组件以及管道、供水设施组成，其中常见的主要是闭式洒水喷头。

3. 移动式灭火器材

常见的移动式灭火器材主要是灭火器。灭火器是一种轻便的灭火工具，它由筒体、器头、喷嘴等部件组成，借助驱动压力可将所充装的灭火剂喷出，进行灭火。灭火器结构简单，操作方便，使用广泛，是扑救各类初期火灾的重要消防器材。

不同物质的火灾，应使用相对应类型的灭火器。灭火器的种类较多，按所充装的灭火剂可分为：水基型灭火器、干粉灭火器、二氧化碳灭火器、洁净气体灭火器等。

（1）水基型灭火器

水基型灭火器是指内部充入的灭火剂是以水为基础的灭火器，一般由水、氟碳表面活性剂、碳氢表面活性剂、阻燃剂、稳定剂等多组分配合而成，以氮气（或

水基型灭火器

二氧化碳）为驱动气体，是一种高效的灭火剂。常用的水基型灭火器有清水灭火器、水基型泡沫灭火器和水基型水雾灭火器三种。

清水灭火器是指筒体中充装的是清洁的水，并以二氧化碳（或氮气）为驱动气体的灭火器。

水基型泡沫灭火器内部装有水成膜泡沫灭火剂和氮气，靠泡沫和水膜的双重作用迅速有效地灭火，是化学泡沫灭火器的更新换代产品。

水基型水雾灭火器是一种高科技环保型灭火器，在水中添加少量的有机物或无机物可以改进水的流动性能、分散性能、润湿性能和附着性能等，进而提高水的灭火效率。

（2）干粉灭火器

干粉灭火器内充装的是干粉灭火剂，利用氮气作为驱动动力，将筒内的干粉喷出灭火的灭火器。干粉灭火剂是用于灭火的干燥且易于流动的微细粉末，由具有灭火效能的无机盐和少量的添加剂经干燥、粉碎、混合而成的微细固体粉末组成。

（3）二氧化碳灭火器

二氧化碳灭火器内充装的是二氧化碳压缩气体，靠自身的压力驱动喷出进行灭火。二氧化碳是一种不燃烧的惰性气体。它在灭火时具有两大作用：一是窒息作用，二是冷却作用。当二氧化碳从瓶中释放出来时，由于液体迅速膨胀为气体，会产生冷却效果，致使部分二氧化碳瞬间转变为固态的干冰。干冰迅速气化的过程要从周围环境中吸收大量的热量，从而达到灭火的效果。

（4）洁净气体灭火器

洁净气体灭火器是将洁净气体（如IG541、七氟丙烷、三氟甲烷等）灭火剂直接加压充装在容器中。使用时，灭火剂从灭火器中排出形成气雾状射流射向燃烧物，当灭火剂与火焰接触时发生一系列物理化学反应，使燃烧中断，达到灭火目的。这类灭火器不是很常见。

洁净气体灭火器

办公楼火灾事故防范

办公楼发生火灾的主要原因是电器散热不良、电压不稳、长时间未断电源等。办公楼火灾防范应注意以下五个方面：

（1）切忌超负荷用电。办公室的插座应及时更换。电器多用插座供电，使用时切忌连接过多电器。

（2）及时熄灭烟头。办公室内应严禁明火，吸烟应到专门的吸烟区，不能将烟头随手扔到废纸篓里。

（3）切忌将电源靠近可燃物。办公室的碎纸机、打印机、加湿器等便携式电器使用时要注意把顶盖掀开，方便散热，同时还应与易燃物保持一定距离，以预防火灾的发生。

（4）下班勿忘关闭电源。最好每个办公室都设置一个双连开关，下班时随手切断室内电源。

（5）要保持疏散通道畅通。禁止在安全通道堆放杂物，库房物品分类摆放，易燃易爆物品严格按照储存说明存放，时常查看有效期，过期物品及时妥善处理。

仓库火灾事故防范

（1）严格按照国家规范的要求进行设计和投入使用。

（2）严格按照国家规范的要求设置仓库的电气线路。

（3）加强消防设施的维护与保养。

（4）加强危险物品仓库的消防安全评价。

危险品库房安全警示

工厂生产车间火灾防范

（1）严格遵守安全生产和消防安全制度，岗位不得擅离职守。

（2）仓库及工厂内应严禁吸烟及携带引火物品。

（3）生产车间工作时间大门不得上锁。

（4）仓库如储藏挥发性易燃物，应注意温度及通风。

（5）消防器材应按规定设置并定期检查和维护，同时要熟悉其使用方法。

做到"十查十禁"

一查设施器材 禁损坏挪用

二查通道出口 禁封闭堵塞

三查照明指示 禁遮挡损坏

四查装饰装修 禁易燃可燃

五查电器线路 禁私搭乱接

六查用电设备 禁违章使用

七查吸烟用火 禁擅用明火

八查场所人员 禁超员脱岗

九查物品存放 禁违规存储

十查人员住宿 禁三合一体

三懂：

（1）懂得本岗位生产经营过程中的产品及原材料的火灾危险性。

（2）懂得火灾扑救的方法。

（3）懂得预防火灾的措施。

四会：

（1）检查消除火灾隐患能力。即：查用火用电，禁违章操作；查通道出口，禁堵塞封闭；查设施器材，禁损坏挪用；查重点部位，禁失控漏管。

（2）扑救初级火灾能力。即：发现火灾后，起火部位员工 1 分钟内形成第一灭火力量；火灾确认后，单位 3 分钟内形成第二灭火力量。

（3）组织疏散逃生能力。即：熟悉疏散通道，熟悉安全出口，掌握疏散程序，掌握逃生技能。

（4）消防宣传教育能力。即：有消防宣传人员，有消防宣传标识，有全员培训机制，掌握消防安全常识。

火灾预防

办公楼宇场所火灾事故的应对

（1）第一个发现火情的人大声喊叫，发出示警，通知周围的人。

（2）单位应急小组应立即组织扑灭初火，及时拨打 119 报警。

（3）利用就近的门窗逃生，如门窗关闭或锁住，应立即破拆进行逃生。

（4）逃生时，应按应急通道指示方向前进，不贪恋财物，有序逃生。

（5）被困人员若无其他办法逃生，可寻找室外阳台、楼层平顶等避难处所，关闭身后的门，站在比较醒目的位置上进行呼喊，等待救援。

特大火灾事故反思与启迪

上海静安区“11·15”特大火灾事故反思与启迪

时间：2010年11月15日

地点：上海余姚路胶州路一栋高层公寓

原因：由于施工人员违规进行电焊作业，溅落的火星引燃了下方脚手架防护平台上堆积的聚氨酯保温材料导致火灾。

介绍：2010年11月15日14时，上海余姚路胶州路一栋高层公寓起火。起火点位于十至十二层之间，整栋楼都被大火包围着，楼内还有不少居民没有撤离。至11月19日10时20分，大火已导致58人遇难，另有70余人正在接受治疗。事故原因是由无证电焊工违章操作引起的，4名犯罪嫌疑人已经被公安机关依法刑事拘留。此外还存在装修工程违法违规、层层多次分包；施工作业现场管理混乱，存在明显抢工行为；事故现场违规使用大量尼龙网、聚氨酯泡沫等易燃材料；有关部门安全监管不力等问题。

反思与启迪：

这是一起典型的因工程施工而引发的火灾，教训沉痛。通过灾后分析，这场火灾有它的偶然性，但更有它的必然性。如果能够严格按规施工、按章办事，这起惨痛的灾害就完全可以避免。灾害的发生只是一瞬间，但带来的教训和思考是没有尽头的，如何让这类灾害不再发生是整个社会更应该关注的。

上海静安区“11·15”特大火灾

通过引发火灾的原因分析，针对建筑施工，特别是建筑改建装修工程，在施工过程中值得深刻反思的有很多，在安全预防事故方面应重点做好以下几个方面：

（1）无论是工程的投资方、承建方、施工方、监理方，还是各级的管理人员和施工人员，必须牢固树立强烈的安全责任意识，这是确保施工期间不发生安全责任事故的前提。

（2）严格按照国家、地方、行业等各项法律法规、规章标准进行施工，层层落实安全责任制，全面强化各项安全措施，建立健全工程安全管理制度，这是确保不发生安全责任事故的基础。

（3）各级管理组织和人员按章办事，严格执行各项安全管理制度，认真履职尽责，各级施工方和施工人员严格按照操作规程施工，严格遵守安全管理制度，这是确保不发生安全责任事故的保证。

（4）针对集体和个人，建立严明的、全面的安全管理奖惩制度，严格日常的检查、抽查、督察，对发现的安全问题坚持做到“四不放过”：不查明原因不放过、不查明责任不放过、不批评教育不放过、对责任方和责任人不处理不放过。这是确保不发生安全责任事故的保障。

针对这起火灾导致重大伤亡的原因，立足住户的角度，也应该重点认清自身不足，同时也提示住户在遇到火灾时正确自救的注意事项：

（1）房间里的住户得知该建筑着火的信息后，首先考虑的应是迅速撤离该建筑，而不是思想上自认为火烧不到自己家，不需要撤离，或是想着即便万一烧到自家了，到时也有消防人员来救助。这样的想法是严重错误的，也是最致命的。当一栋建筑着火时，任何人都不可能确定安全与否，所以在得知着火后，要做的就是迅速带上必要的物品（如防寒、防雨、食物或其他重要物品等）撤离该建筑，坚决杜绝“无所谓”“等”“靠”的思想，早一分撤离就多一份安全，晚一分撤离就多一份危险。

（2）得知着火后，在任何情况下切记不要惊慌失措，头脑要始终保持冷静，这是能正确自救的关键。要及时了解着火情况，不等不靠，积极主动，视情况尽快撤离。自己撤离时还要尽可能地通知其他住户撤离。撤离时不可以乘电梯，以防电梯断电被困。

（3）当住户门外有烟从门缝处和外窗进入屋内时，应考虑火灾可能发生在下一层或同层，开门前要首先用手探测一下门把手和门的温度，如温度改变不大，可用湿毛巾捂住口鼻，尽量放低身姿迅速从楼梯间撤离。如果烟气温度过高，可视情况利用浸湿的棉被和打湿身上衣服作为掩护进行撤离。

（4）当确定已经不能开门撤离时，要及时用湿的衣物或毛巾堵住门缝，防止烟雾进入屋内。在外阳台没有受烟雾影响的情况下，可视情况利用绳索或床单结绳进行自救。当绳索不能直达地面时，可先逃至下层住户阳台再行撤离。不能自救逃生时，要在阳台挥动颜色鲜艳的衣物或发光物体（夜间使用）进行呼救，等待救援，切不可轻易跳楼逃生。

五点提示：

一是切忌慌乱盲从，要始终保持镇静。

二是主动积极自救，不可盲目等待救援。

三是家中常备简易逃生装具（如逃生绳、防烟面罩、灭火器、手电、手套等）。

四是环境陌生、能见度低时要沿墙逃生，以防错过安全门。

五是不得轻易选择跳楼。

广东省惠东县义乌小商品批发城火灾事件反思与启迪

时间：2015年2月5日

地点：惠州市惠东县平山街道办事处惠东大道义乌小商品批发城

原因：9岁男孩使用打火机点燃通道堆放的货物所致。

介绍：义乌小商品批发城四楼仓库突发大火，广东省消防总队调派45辆消防车、270名消防官兵到场扑救。该商场为四层钢混结构，单层面积约3800平方米，总建筑面积约15000平方米，其中，一至三层为餐饮和日用百货，四层为百货、电影院和库房。着火层位于四层，经消防官兵17个小时的全力扑救，大火于次日6时30分被扑灭。该起火灾过火面积约3800平方米，火灾造成17人死亡，9人受伤的惨剧。

反思与启迪：

（1）商场工作人员未能及时阻止儿童玩火。

（2）日常生活中要教育身边的人，什么可为，什么不可为。

这是一起典型的商（市）场人员密集场所火灾，具有一定的代表性。商（市）

广东省惠东县义乌小商品批发城火灾

场环境和火灾特点存在一定的共性，火灾发生的原因、建筑本身的特点、商（市）场存在的问题和隐患，都具一定的相似性。这类商（市）场对公众来说也比较熟悉，发生火灾的危险性主要在于人员多而杂乱、可燃物多且繁杂、面积大且结构复杂，一旦发生火灾，极易造成群死群伤和重大经济损失，所以这类商（市）场一直是火灾防范的重点。

商（市）场的火灾防范是一个复杂的系统工作，要由专业人员、专业知识和专门设施设备共同来完成，这里不作一一说明。作为普通的业主和顾客，一些基本常识必须有所了解。

商（市）场类火灾特点：

（1）易产生大量浓烟。在以往的案例中，火灾中的浓烟和高温是造成人员伤亡的直接原因，装修材料和大量种类繁杂的可燃物，会在火灾中产生大量的不完全燃烧产物，形成浓烟和含有 CO、CO_2、H_2S 等有毒有害气体。根据相关资料显示，火灾的死亡人数中约 80% 以上为烟气窒息所致。

（2）过火面积较大。商（市）场的面积大，火灾荷载增大，一旦发生火灾会迅速蔓延。内部的装饰装修和陈列的各类商品及其他各类物品，大多为易燃、可燃物品，一旦着火，火势会沿各种孔洞、楼梯间、管道井、电梯井等部位迅速蔓延，火灾的扑救难度大。

（3）引发火灾因素多。因人员复杂、电气复杂，用火、用电、用气等设备点多、量大、分布广，如果疏于管理，加之一些员工、顾客安全防火意识差，吸烟乱扔烟头，有时还有施工人员违章动火、动电作业，那么极易引发火灾。

（4）人员高度密集。这是商（市）场火灾容易造成群死群伤的主要原因。有时由于商（市）场内客流量过大，致使消防安全出口、疏散距离和疏散通道宽度会一时相对不能达到安全疏散要求，一旦发生火灾，如果组织引导不力，极易造成人员心理恐慌，从而造成人群情绪骚乱，慌不择路，最终导致群死群伤。

正确选择逃生方法：

（1）看清安全疏散路线和出口。进入商（市）场，首先要留心逃生疏散路线和防火门、疏散楼梯、安全出口的位置，以及灭火器、消火栓、报警装置位置，以便万一发生火灾能及时选择正确的逃生路线，离开危险区。

（2）利用器材逃生。商（市）场是物资高度集中的场所，物品种类多，发生火灾后，可就近利用逃生的物资或工具，如将毛巾、口罩浸湿后捂住口鼻，浸湿棉被护住身体等；利用绳索、布匹、床单、窗帘等开辟自救逃生通道。

（3）利用建筑物逃生。发生火灾时，如上述方法不可行，可利用落水管、空调外机等房屋外的凸出部位向外逃生。这种逃生方法使用时具有一定危险性，因此要胆大心细，特别是老弱病残妇幼等人员，切不可盲目选择，否则容易出现意外伤亡。在三楼以上绝对禁止跳楼逃生的不理智行为。

（4）利用疏散通道逃生。每个商（市）场都会按规定设有室内楼梯、室外楼梯，有的还设有自动扶梯、消防电梯等，发生火灾后，尤其是在火灾初起阶段，这些都是逃生的良好通道。在下楼梯时因人员较多较乱，一定要抓牢站稳，以免摔倒。绝对禁止乘坐普通电梯逃生，因为火灾时普通电梯的电源会被切断，人员容易被困在电梯内。

（5）寻找避难所逃生。在无路可逃的情况下，应积极寻找避难处所。如到室外阳台、楼层屋顶、洗手间等处等待救援；也可选择火势、烟雾难以蔓延的房间，关好门窗、堵塞间隙，房间内如有水源，要立刻将门、窗和各种可燃物浇湿，以阻止或减缓火势和烟雾蔓延。

安全出口指示牌

6

消防安全指示标志

灭火器
灭火器

消防水带

地上消防栓

地下消防栓

消防水泵接合器

火警情报按钮

消防手动启动器

119
火警电话

禁止吸烟

禁止放易燃物

禁止明火作业

禁止用水灭火

禁止放鞭炮

禁止烟火

当心火灾

紧急出口L

紧急出口R

7

公共交通安全常识

安全座位和风险座位

1. 小汽车

小汽车的安全座位是后排中间座位。

小汽车的风险座位是副驾驶座位。

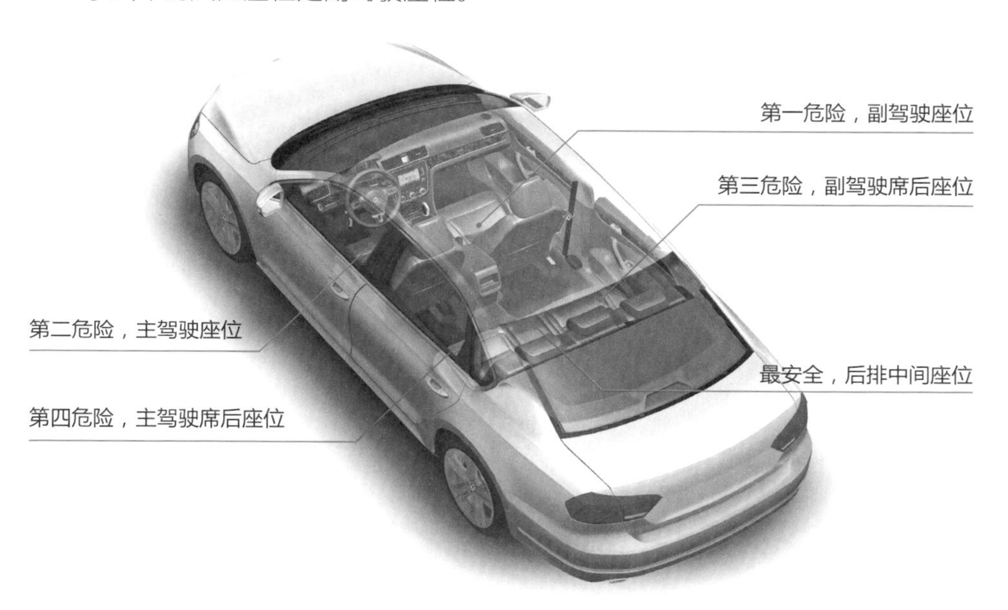

小汽车安全座位和风险座位示意图

2. 公交车

公交车的安全座位是驾驶员后两排，右侧门后两排，如红色区域所示。

公交车的风险座位是最后一排和中间三排座位，如黄色区域所示。

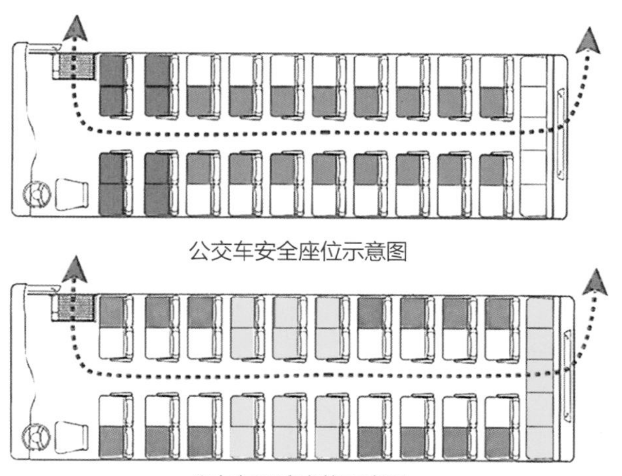

公交车安全座位示意图

公交车风险座位示意图

3. 火车

火车的安全座位是每个车厢的中间座位及靠安全玻璃窗的座位。

如果发生追尾，前后两节车厢最不安全；如果发生折叠脱轨，每节车厢都不安全，靠窗的逃生概率较大；火车高速行驶时，不要长时间停留在车厢连接处，也不要来回走动。

4. 地铁

地铁的安全座位是前后第二节车厢座位（地铁前后有逃生门）。

地铁的风险位置是前后第一节车厢（受追尾影响大）。

5. 飞机

飞机的安全座位是机舱前部和靠近出口的座位。

飞机的风险座位：如图所示，靠过道存活率为 64%；靠窗口存活率为 58%；机舱尾部存活率为 53%；机舱前部存活率为 65%。图中绿色区域生存概率较大，橙色区域生存概率较小。

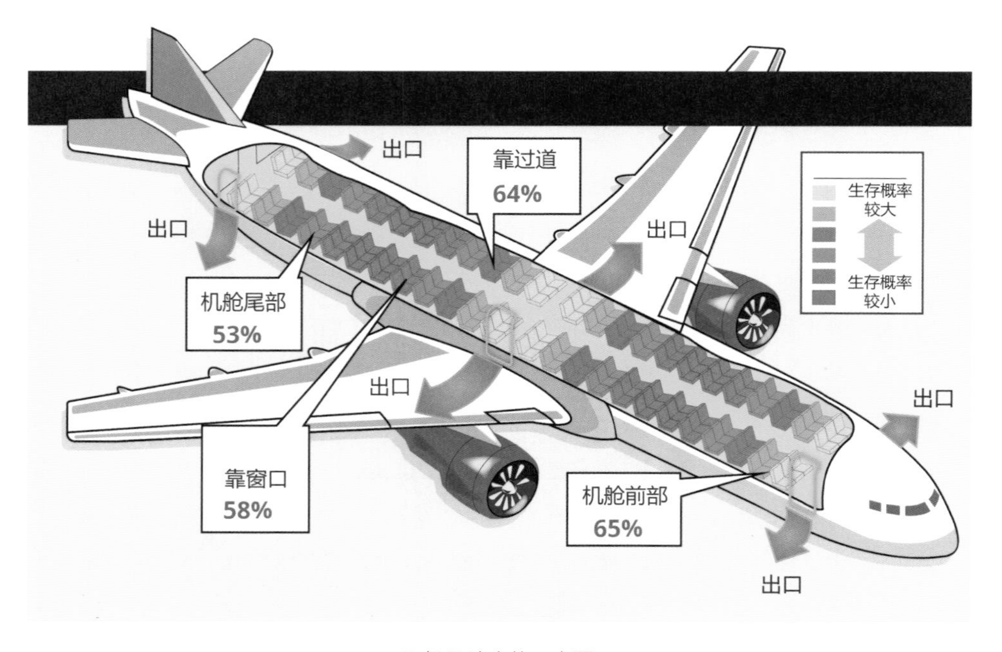

飞机风险座位示意图

私家车故障应急处置

1. 刹车失灵

打开双闪灯，提醒周围车辆。在减慢速度的同时，再将车灯与鸣笛打开告诉旁边的车辆要小心一点。

刹车失灵时，应不断踩刹车踏板，使制动力恢复的概率变大。

慢慢拉起手刹降低速度。如果是电子手刹，可以使用手刹按钮将汽车降低速度的可能性提高一些。特别要注意：手刹不可以猛得拉完，不要拉得太快；最好不猛打方向盘；强行使车辆速度降挡。

手动挡车型：稳住方向盘，逐级降挡；手刹拉起放下，拉起放下，反复操作，切记不要猛拉手刹，否则车辆会漂移。

自动挡车型：采用手动模式，逐级降挡。对于电子手刹，抬起电子手刹—按下电子手刹，反复操作，直到汽车停下为止。

摩擦障碍物减慢车速。触碰马路周围的栏杆、大树以及建筑物等障碍物使汽车马上停止前行。

2. 车辆横向打滑

当车辆已小幅度横滑时，应松开刹车，可慢慢减小油门。

当车辆横滑幅度大且速度快时，应立即减速并将方向盘朝后轮横滑同一方向转动，并及时修正至正常行驶状态。

当车辆发生横滑同时出现前车轮偏移时，应缓慢降低车速，再配合点刹，此时手、脚制动交替使用，千万不要使用紧急制动。

当转向失灵时，应间接刹车，慢慢停住车辆。

3. 爆胎

双手紧握方向盘，不要因车辆突然转向或拖拽而过度转动方向盘。尽量保持车辆沿直线行驶。

轻踩制动踏板，切记不要将制动踏板踩死。

缓慢转动方向盘，将车辆驶向路边。

车辆停稳后，立即打开危险报警闪光灯。

将三角警示牌放在车辆后方 50 ～ 100 米处。

车辆爆胎侧翻后拨打救援电话 12122 求助

4. 车辆落水及被困水中应急

开车涉水较深中途熄火时，不要尝试打着发动机，要从车里出来等待救援。

将双手放在方向盘的 10 点和 2 点钟位置，采取防冲击姿势减小影响。

解开安全带，先解开孩子。

如手机没有进水，立刻拨打 110。

一旦能看到水面就立刻开窗，不行的话就打碎玻璃，通过打破的车窗逃生。

车辆落入水中时，在车内水淹没头顶前，打开车门，深吸一口气憋气潜出水。只有当车内充满了水，车门两侧压力相等时，才有可能打开车门。先救小孩再救大人。

车辆被水淹没

5. 追尾

与前车发生追尾时，驾驶员应身体向后倾斜，紧靠座椅后背且头部紧贴座椅头枕。必须保护好现场，并及时向交警和保险报案，在事故发生后立即报告公司安全管理部门，整理并填写记录表备案。

车辆追尾

6. 撞击

（1）正面撞击

如果副驾驶位没有人，刹车的同时最好带一点转向，将自己的副驾驶迎上去，尽量减少对驾驶室的冲击。

如果副驾驶位有人，司机踩死刹车，然后双手抱头屈肘护于胸前，双腿用力向前蹬住地板，减少身体前倾所带来的危害。

副驾驶则要双手护于头部两侧，然后低头用手扶住仪表台，双腿蹬住地板，减少冲击带来的前倾。

车辆正面撞击

车辆侧面撞击

后排乘客则要双手护头撑住前排座椅，双脚蹬住地板。

（2）侧面撞击

发现有侧面撞击的可能性时，应立即采取加速或减速，尽量避免这种事故或降低事故带来的危害。

若不可避免，则将身体尽量偏向不被撞击一侧，然后护住头部以及胸部，屈腿，减少侧面冲击的危害。

道路交通事故防范与应急

（一）道路交通事故防范

遵守交通法规，不疲劳开车，不酒后开车，不超速开车，不情绪开车，不超载开车。

遇大雨、大雾、大风、大雪、结冰等天气时，驾车要掌控好车速，保持车距。

雨雾冰雪天气减速慢行

1. 私家车大雨天行车注意事项

保持良好的视野：要及时打开雨刷器，天气昏暗时还应开启近光灯和防雾灯。

防止车轮侧滑：驾驶员双手平衡握住方向盘，保持直线和低速行驶，需要转弯时，应缓踩刹车。

低速挡缓慢行驶：雨中开车尽量使用二挡或三挡，时速不超过 30 千米或 40 千米，随时注意观察前后车辆与自己车的距离。

防止涉水陷车：遇大水漫溢的路面时，应停车察看积水的深度，水深超过排气管或保险杠时容易进水。不要高速过水沟和水坑。

切忌熄火后再次启动车辆。

注意跟车。

及时开启车灯：应当开启前照灯、示廓灯和后位灯，并将车辆驶离路面或停在安全的地方。

2. 私家车雪天行车注意事项

起步前，最好稍微前后移动一下车子，或用雪铲清除车前的积雪。

起步时，轻踩油门，不让车轮空转。

行驶时，时刻注意周围的车辆和行人，与前车保持足够的车距，时刻准备提前刹车。

刹车时，千万不要低挡踩刹车，可以挂低挡，利用发动机的牵引阻力降低车速。

上下坡时，使用低挡平稳通过，中途不宜换挡，上坡严防熄火，中途不要停，下坡严禁空挡滑行。

（二）道路交通事故应急

1. 普通公路发生交通事故应急

应立即停车，保护现场，开启危险报警闪光灯，并在来车方向 50 ～ 100 米处设置警示标志。车上人员转移到右侧路肩上或应急车道内，并迅速报警。

造成人员伤亡时，驾驶员应立即抢救受伤人员，并迅速拨打 120、110 报警。

因抢救受伤人员而需变动现场时，应标明事故和人员位置。

未造成人员伤亡或财产损失轻微的，当事人应先撤离现场再进行协商处理。

普通公路遇交通事故，如遇小事故，迅速协商处理，如事故车辆损坏，拨打 110 报警求助

高速公路遇交通事故，可拨打电话 12122 请求空中救援

2. 高速公路发生交通事故应急

应立即停车，保护现场，开启危险报警闪光灯，并在来车方向 150 米以外设置警示标志。

车上人员应迅速转移到右侧路肩上或应急车道内，能够移动的机动车移至不妨碍交通的应急车道或服务区停放。

拨打 110，清楚表述案发时间、方位、后果等，并协助交警调查。

若有人员伤亡的交通事故，应先救人，并立即拨打 120。

铁路交通事故防范与应急

1. 铁路交通事故防范

不在铁轨上行走、坐卧、站立及扒乘机车车辆；通过铁路平交道口时，听从指挥，做到“一停、二看、三通过”。

遇雷雨天气时，远离接触网支柱、接地（回流）线等设备。

在列车上不要随意扳按紧急制动阀、紧急停车按钮等。

行人不能在铁轨上行走、坐卧、站立

2. 铁路交通事故应急

察觉到列车发生剧烈抖动、有可能脱轨或颠覆时，立即蹲下，就近抓住固定物。

列车发生脱轨、颠覆、火灾、碰撞、爆炸时，应保持镇定，听从工作人员指挥。

发现装载易燃、腐蚀物品的列车脱轨、颠覆、泄漏、爆炸时，迅速撤离到上风位置并报警。

动车发生撞击应急

1. 动车发生撞击，人在座位自救

平躺在地上，面朝下，手抱后脖颈，等事故发生后，再采取相应的逃生措施。

背向车前进方向的乘客若太晚接触地面，应赶紧双手抱颈，抗住撞击力。

低下头，下巴紧贴胸前，以防颈部受伤。紧急逃生窗口上有红点标志。

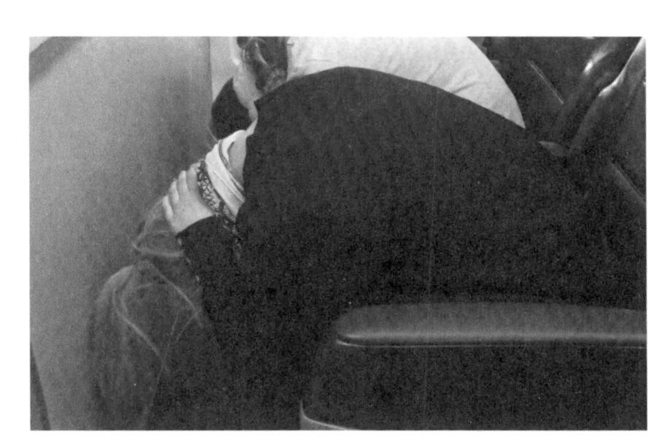

动车发生撞击，人在座位弯腰，双手抱颈

2. 动车发生撞击，人在走道自救

脚朝火车头的方向；立即倒地上，背部贴地；双手抱在脑后；脚顶住任何坚实的东西，膝盖弯曲。

3. 动车发生撞击，人在卫生间自救

背对着车头的方向，坐在地上；膝盖弯曲；手放在脑后抱着；尽力支撑住身体。

地铁事故防范与应急

1. 地铁事故防范

千万不要进入轨道、隧道等禁止进入的区域；严禁向轨道交通区域抛掷杂物、垃圾。

候车时按顺序排队，站在黄线之后，不抢上抢下。

当屏蔽门正在开启、关闭或有警告声音提示时，严禁强行上下车。

下车时要特别注意脚下。

2. 地铁事故应急

发现可疑物品，立即报告工作人员或报警，人要远离物品，不围观、不观望，如发生爆炸，切勿慌乱，迅速撤到另外车厢或听从指挥。

在一些紧急情况下，列车可能不靠站就停下，需要乘客们隧道中撤离。

要有序地通过车头或车尾疏散门进入隧道，往临近车站撤离。

在疏散过程中要注意脚下异物，千万不要进入另一条隧道。

公共交通工具火灾自救与求助

（一）公共交通工具的火灾防范

严禁乘客携带易燃易爆物品乘坐公共交通工具。

（二）公共交通工具的火灾应对

1. 校车、公交车火灾

坐车时要随时关注车辆的运行状况，如闻到烧焦味等不正常的味道或看到冒烟等不正常情况时，应立即向随车老师或司机报告。

如果汽车在行驶途中突然冒出焦味、烟雾，司机应马上停车并关闭发动机、电源开关，开门、疏散乘客、断电、扑救、报警。

切忌在有逃离的条件下坐在车内打电话求助。

司机下车的同时，车内其他人员尤其是老人、小孩也应全部下车到安全区域等候，不要继续留在存有安全隐患的车内。

遇到车辆起火，抓住黄金三分钟的逃生时间进行紧急逃生。

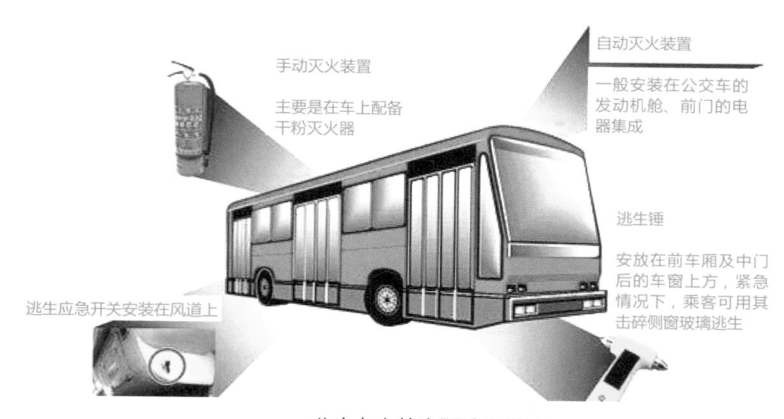

公交车上的主要防火措施

（1）车门逃生

当车门能打开时，应保持冷静，听从指挥，有序快速下车，不可大声喊叫；面向疏散门（乘客门或应急门）方向，按车厢过道两侧先左后右，再左再右的次序，每次一路纵队疏散，不可拥挤争抢。也可在短时间内屏气，快速找到逃生出口，冲出火海。

如乘坐校车，下车后听从老师指挥，迅速到指定地点集合，排队清点人数，切不可慌张乱跑。

逃生通道打开后，应有序下车，不要拥挤。逃离着火车辆后，如发现衣服着火，应尽快脱下着火的衣服并就地打滚，压灭身上的火苗。切记，车未停稳时不可冒险跳车。

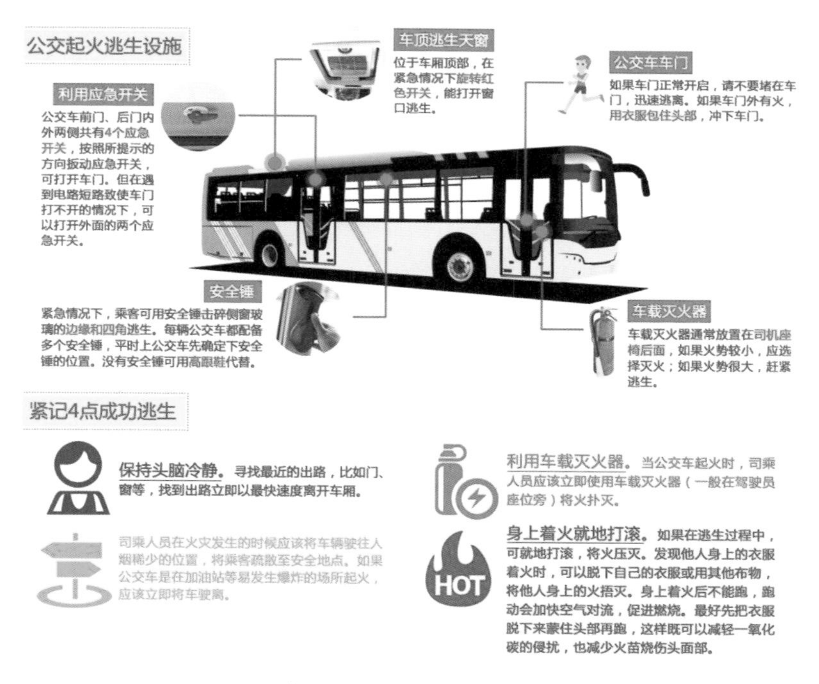

公交车逃生通道示意图

当车门打不开时，应找到应急阀，顺时针扭动阀门，听到放气声后等待几秒钟就可以用手推开车门。如果应急阀打开后，车门推不开，则检查车门是否被门锁锁住，如果是，需要先把应急阀逆时针归位，打开车门锁，再顺时针打开应急阀，推开车门。

公交车前门、后门内外两侧共有 4 个应急开关，按照提示的方向扳动应急开关，可打开车门。如果打不开，可以打开外面的两个应急开关。

公交车应急开关示意图

（2）车窗逃生

如果车门被火烟封堵，应利用车窗逃生。一般安全锤分别架在车子两侧车窗玻璃之间。拿起安全锤，敲击车窗的四角。如果车窗有贴膜，玻璃敲碎后需用脚踹开。玻璃脱落后要及时跳出车体，转移到安全处。

如果是滑动车窗，打开车窗，手拉住窗框，探出身体，背对窗口，双脚往下，松开双手脚着地即可。

（3）天窗逃生（车辆内起火，不宜利用天窗逃生）

2. 列车

列车着火时乘客要保持冷静，不要慌乱，更不能盲目地乱跑乱挤或开窗跳车。

因为列车在运行中，火受风向影响向列车后部蔓延，所以疏散时乘客应避开火势蔓延的方向。

火势较小时，乘客应自觉协助列车工作人员利用列车上的灭火器材实施扑救，同时，有秩序地从座位中间的人行过道向相邻车厢或列车外部疏散。

列车发生火灾时乘客有序撤离

如果情况紧急，一时找不到工作人员，乘客可以先就近取灭火器实施灭火，或迅速跑到车厢两头连接处或车门后侧拉动紧急制动阀（顺时针用力旋转手柄），使列车尽快停下来。

火车的每节车厢是由挂钩连接的，当大火威胁相邻车厢时，应摘掉挂钩，让车厢脱节，使其他相邻车厢免于威胁，也可防止火势蔓延。

乘客应尽快利用车厢两头的出口，有秩序地逃离火灾现场。

车厢内浓烟弥漫时，乘客应低姿行走。

当列车停稳后，被困人员可用坚硬的物品将窗户玻璃砸破，利用车厢的窗户逃生。

3. 地铁

地铁发生火灾时，乘客应及时拨打 119 或按动车厢内的紧急报警装置，但不能触动紧急开门装置。乘客要听从指挥，沿着正确的逃生方向进行疏散，等列车停稳后再撤离到列车外。

如果人还在站台，应按照消防指示标志，听从指挥，沿着楼梯逃生。

如果火灾发生在行驶的地铁上，应逆风疏散，有助于逃生。

如果火灾发生在自己所在的车厢，应先按车厢车门上的红色按钮和列车长通话，然后再拨打 119 报警。

（1）地铁车厢内发生火情

了解车厢内灭火器放置部位。每节车厢都有灭火器材。每节车厢座位上部有灭火器材标志的，在座位下方就横卧放置有 4 公斤的 ABC 干粉灭火器 1 具。取出方法：灭火器是双搭扣，将左右两个白色搭扣向上翻起，褪下锁扣，即可取出灭火器。每节车厢的前后两端也都配置有 4 公斤的 ABC 干粉灭火器 1 具。凡是放置灭火器的上部空间均设有明显的灭火器材标志。

如果发现车厢停电，并有烧焦的异味、烟雾等异常情况，应拨打 119，或立即按响车厢内紧急报警装置（每节车厢前、后端车门斜上方贴有红底黄字的“报警开关”标志，箭头指向位置即为报警按钮所在位置），将紧急报警按钮向上扳动即可向司机报告出现的异常情况。

发现火情后，应安抚、疏散周围人群。将老、弱、妇、幼等弱势人群优先疏散到其他车厢。号召、发动人员力量，取灭火器进行灭火。

如果地铁被迫停留在隧道中央，乘客应按照工作人员确定的安全疏散方向，从车头或车尾的疏散门（列车两头驾驶室的“逃生门”）进入隧道，往邻近的车站撤离。

如果列车电源已被切断或发生故障，列车正好停靠在站台上，并且车门已对应站台时，应该寻找手动应急装置或车门紧急解锁手柄（位于每节车厢的车门上方）。操作方法是打开玻璃罩，拉下红色手柄，拉开车门，用手动方式打开车门，再有秩序地疏散，按照地面疏散指示或安全疏散指示灯，向地面撤离。

听从工作人员指挥或广播指引，尽量远离起火源，采用低姿势，少呼吸或浅呼吸，快速撤离到安全地带。

如果乘客的衣物被引燃，不要惊恐，应冷静地采取措施：迅速脱下衣服，用脚踩灭火焰；就地打滚；用其他衣物捂住着火部位。切忌带火奔跑，使火势变大。

地铁发生火灾时的应急处置

（2）地铁站台、站厅内起火

如在候车时发现明火或烟雾，闻到异味，可告知站台工作人员。远离火源，向地面疏散。

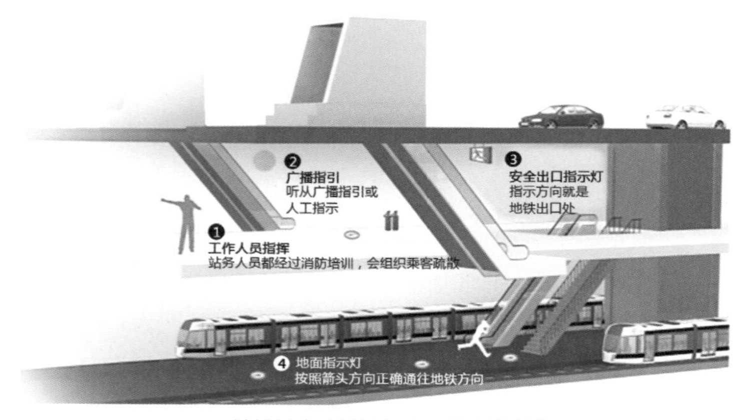

地铁站台或站厅起火时的安全疏散

4. 隧道

隧道内一般都设置有紧急疏散通道，发生火情时可以利用这些通道撤离至安全地带。人员一旦逃离到安全区域，应在第一时间报警。

发现起火立即停车、疏散人员，第一时间控制火势。

火势失去控制，应立即撤离事故区域，从最近的安全出口逃生。

逃生过程需保持冷静、捂住口鼻，避免拥挤造成伤害。

不能顺着烟火蔓延的方向逃生，应迎着烟火低姿势、屏住呼吸冲过去。

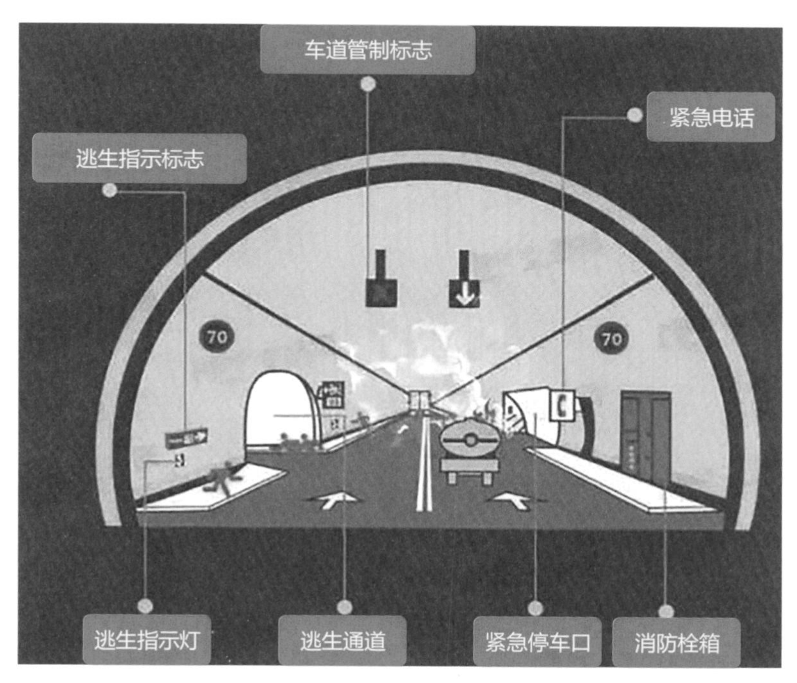

隧道内的安全设施

5. 客船

客船等水上交通工具构造复杂，乘坐时要注意观察安全出口位置、疏散路线及救生器材放置的位置。了解救生衣、救生艇、救生筏等救生用具存放的位置，熟悉自己周围的环境。

客船发生紧急情况时，要做到以下几点：

（1）利用内外梯道、舷梯、逃生孔，以及救生圈、缆绳等救生器材逃生。

（2）一定要走捷径，争取在最短的时间内脱离险境，切勿只将登船路径作为唯一的逃生出路。

（3）被火围困的人员应迅速往主甲板、露天甲板疏散，借助救生器材向水中或救援的船只转移。

（4）舱内人员逃出后应随手将舱门关上，以防火势蔓延，并提醒相邻客舱内的旅客赶快疏散，从通向左右船舷的舱门逃生。

（5）被困人员可向顶层甲板疏散，然后向下施放缆绳，沿缆绳向下利用救生艇、救生圈进行水中逃生。

（6）如果烟火已经封死了内走道，未及时逃生的乘客应关闭房门，利用室内床单、衣服等物品隔绝烟气的侵入，延长逃生时间。

6. 飞机

发现机舱失火后，应第一时间向乘务员反映，可以配合乘务员用手提灭火器扑灭火。

旅客可以用之前乘务员提供的饮料将毛巾打湿，捂住口鼻、低姿、浅呼吸，进行最有效的自救，然后等待机组人员处理火情。

飞机紧急疏散滑道

8

警告标志

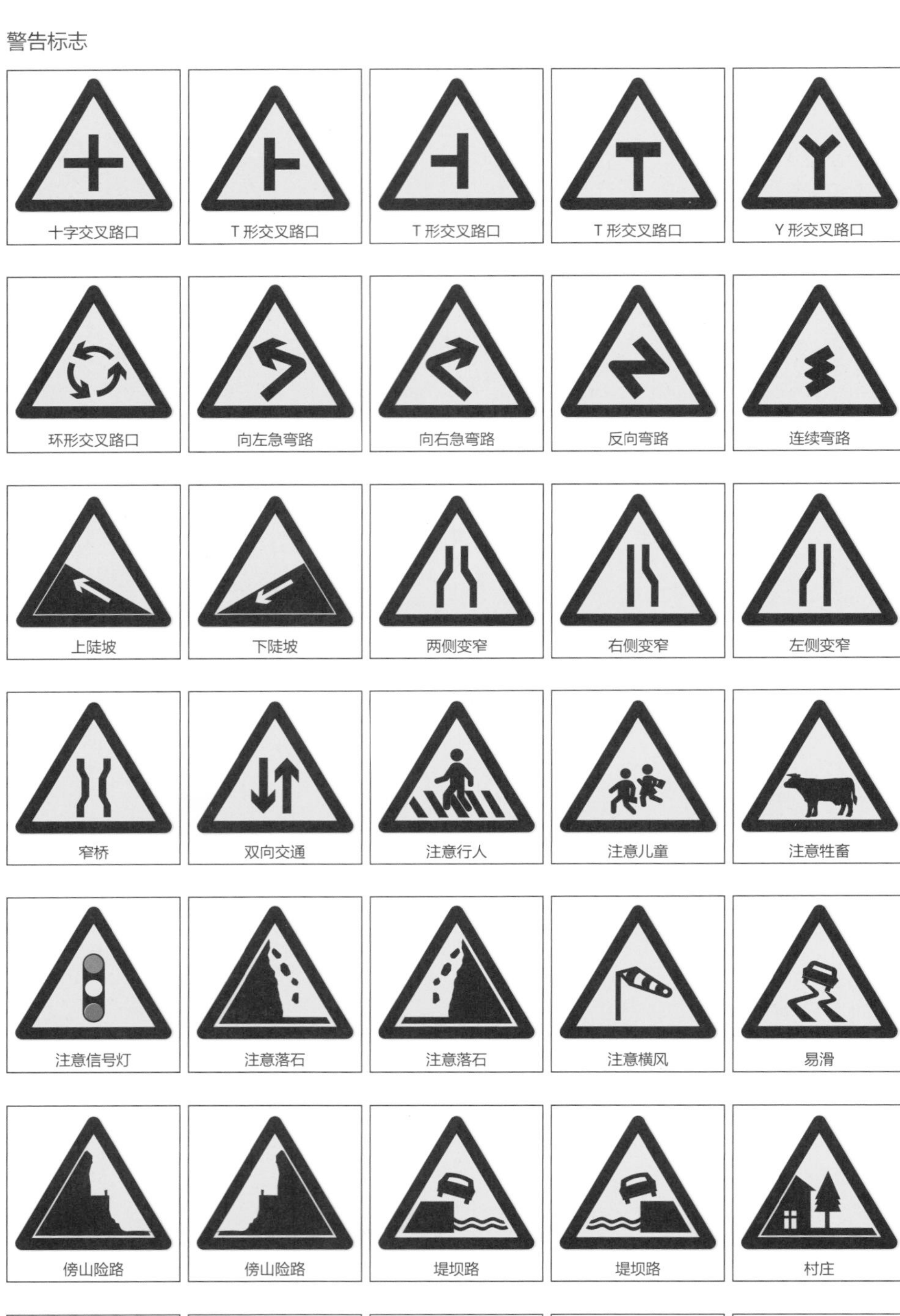

隧道

渡口

驼峰桥

路面不平

过水路面（或漫水桥）

有人看守铁路道口

无人看守铁路道口

注意非机动车

事故易发路段

慢行

左侧绕行

右侧绕行

左右绕行

施工

注意危险

斜杠符号

斜杠符号

斜杠符号

叉形符号

禁令标志

禁止通行

禁止驶入

禁止机动车通行

禁止载货汽车通行

禁止三轮机动车通行

禁止大型客车通行

禁止汽车拖、挂车

禁止拖拉机通行

禁止农用运输车通行

禁止二轮摩托车通行

禁止小型客车通行

禁止某两种车通行

禁止非机动车通行

禁止畜力车通行

禁止人力货运三轮车通行

禁止人力客运三轮

十字交叉路口

禁止骑自行车下坡

禁止骑自行车上坡

禁止行人通行

禁止向左转弯

禁止向右转弯

禁止直行

禁止向左向右转弯

禁止直行和向左转弯

禁止直行和向右转弯

禁止掉头

禁止超车

解除禁止超车

禁止车辆临时或长时停放

禁止车辆长时停放

禁止鸣喇叭

限制宽度

限制高度

限制质量

限制轴重

限速

解除限制速度

停车检查

停车让行

减速让行

会车让行

指示标志

直行

向左转弯

向右转弯

限直行和向左转弯

限直行和向右转弯

向左和向右转弯

靠右侧道路行驶

靠左侧道路行驶

立交直行和左转弯行驶路线

立交直行和右转弯

环岛行驶

单行路（向左或向右）

单行路（直行）

步行

鸣喇叭

最低限速

干路先行

会车先行

人行横道

直行和右转合用车道

分向行驶车道

公交线路专用车道

右转车道行驶方向

直行车道行驶方向

设施标志

加油站

紧急电话

紧急停车带

9

校园安全常识

幼儿

幼儿需要掌握幼儿园生活、家庭生活以及社会活动安全规则，知道不能玩火、不乱穿马路、不跟陌生人走，在危险场所能根据家长或老师的要求行动，发现危险会告诉家长或老师。

（一）小班、中班和大班需学习训练的内容

1. 儿童看到火柴、打火机要向家长报告

家长要把火柴、打火机放在幼儿拿不到的地方，并且教育他们，看到火柴、打火机要向家长报告。家里使用明火时，家长不要离开，不要让幼儿接近明火。

看到打火机和火柴，向家长报告

2. 身上着火“3 个动作，6 个字——站住、躺倒、翻滚”

教会幼儿遇到身上着火就站住、手捂住脸、躺倒在地、伸直夹紧两腿、翻滚的动作要领。参考游戏：在幼儿的背上绑一个红色的气球，让他们用手蒙住脸在地上打滚，气球爆了就算成功。

身上着火怎么办（站住、躺倒、翻滚）

3. 学会避开造成烧烫伤的物品

让幼儿有烫的概念，学会避开热烫物品。教师可以拿一个盛有 40 多度水的杯子让幼儿摸，告诉他们这是热的，但更热的东西就会造成烫伤。然后给他们看电熨斗、火锅等图片，问他们家里有没有，有的话不要去碰它们。

可能造成烧烫伤的物品：热水器、茶杯、电熨斗、火锅等

发生烧烫伤时用流水冲洗

（二）中班增加的学习训练内容

（1）学会拨打 119 报火警。

（2）参与家庭疏散逃生计划的制订和演习。

（三）大班做好家庭消防安全监督员

教会孩子在家里如果发现家长卧床吸烟，看到大人抹了摩丝或涂了花露水后马上进厨房烧菜，把通电的电熨斗压在衣物上去接电话等，都要阻止。

提醒家长不要卧床吸烟

提醒家长不要把通电的熨斗放在衣物上离开

（四）家长的配合

（1）家长把火柴、打火机和花露水、摩丝等易燃物品放在幼儿拿不到的地方。

（2）普及燃放烟花爆竹的安全注意事项等家庭消防安全知识。

火柴、打火机、花露水、摩丝等易燃品放在幼儿拿不到的地方

小学生

小学生应了解火灾事故、交通事故、溺水等事故发生的原因及预防方法，能够注意危险并采取简单的应对措施，不仅能确保自己的安全，还能留意家人、同学等身边人的安全。能知道并遵守学校生活、家庭生活以及社会生活规则，会注意身边的危险，在发现危险的情况下能迅速报告老师、家长等成人，会拨打报警

电话，能根据老师或家长的指令采取安全行动。

初中生

初中生应能在日常生活中遵守安全准则、采取安全行动，掌握一定的急救技能，能对日常灾害进行防范，能采取确切的避难行动，具有对自己和他人安全负责的责任感；了解家庭、学校（包括学校宿舍）等场所的防火安全常识；能根据烟层不同高度采取不同姿势逃生；知道火灾初起（包括油锅起火、电器起火等）时的简单应对方法；能够克服障碍寻找正确的逃生线路逃生，并能用多种方式求救；懂得不同场所的紧急应对方法。

高中生

高中生应加深自身对环境安全的认识，掌握止血包扎、心肺复苏等急救技能，在确保自身安全的前提下，能将掌握的知识和技能服务他人，并能参与学校、家庭或社区安全活动及突发事件处置的志愿者活动；知道引起火灾的条件、原因、危害及分类；了解不同场所火灾的求生方法；掌握灭火器及消防卷盘等的使用方法，扑灭初起火灾；能够应对逃生中的紧急情况，并能帮助他人迅速逃生。

校园避险口诀

课间活动要适宜，危险行为不能迷；
热天游泳要理智，不习水性不要试；
个人卫生要顾及，不良习惯不看齐；
日常用电要注意，安全操作不忘记；
消防安全要常提，随意燃火不能离；
出行交通要警惕，遵守交规不大意；
学会生活要自立，预防盗抢不麻痹；
平安二字要珍惜，健康快乐不分离。

10

家庭生活安全常识

触电

（1）知道家中电源总开关的位置，配备漏电开关，施救时要立即切断电源。

（2）洗浴时不要触摸带电的物品，儿童小心使用电吹风等大功率电器。

（3）施救者采用绝缘物体（如干燥的木棍、塑料制品、皮制品等）将触电者与电源分离。

（4）高压电触电必须在确定电源已被完全切断后，方可进行施救，否则任何人都必须远离掉落的高压电缆。

（5）触电导致呼吸心跳停止，立即实施心肺复苏术。

若发现电热水器漏电，应先切断电源，再由专业人员进行维修

火灾

（1）掌握基本灭火技能，发现火灾，及时报警。

（2）冷静不慌乱，仔细判断火源方向，选择科学的逃生路线。

（3）熟悉安全通道，逃生时禁止乘坐电梯（消防电梯除外）。

（4）如有浓烟，用湿毛巾捂住口鼻，弯腰手扶墙壁，逃离现场。

（5）用手摸房门，若已感到烫手，切记不可开门，可以泼水降温。

（6）若无法外逃，但房间内没有着火，可以选择把门关紧，用湿布塞紧缝隙，防止烟雾进入。

（7）在阳台或窗户，挥动鲜艳衣物、发光源等物品向外求救，切忌跳楼。

（8）若被火焰封堵在房间内，可借助绳子或床单从窗外缓降逃生。

溺水

（1）大声呼救或拍水呼救，保持冷静，采取仰卧位。

（2）头向后仰，使鼻子露出水面，即可深呼吸，浮出水面。

（3）手臂不能上举乱扑动，会使身体下沉过快。

（4）尽量寻找一些漂浮物如木板、树干等抓紧，以助漂浮。

（5）如小腿抽筋，应保持镇静，采取仰泳位，用手将抽筋的腿的脚趾反向扳拉，可使痉挛松懈，再游向岸边。

溺水

交通事故

（1）按下车辆危险信号灯（双闪灯）。

（2）将车上人员疏散到安全地带。

（3）在事故现场的后方 150 米处放置警示标识。

（4）加强自身安全，如穿上救援反光背心等，避免发生二次事故。

（5）拨打 110 报警，拨打 12122、120 等应急电话，寻求帮助。

（6）交通事故若造成人员脊柱损伤，应谨慎移动伤者。

踩踏

（1）不在楼梯或狭窄通道嬉戏打闹。

（2）避免到拥挤的人群中，不得已时，尽量走在人流的边缘。

（3）发觉拥挤的人群向自己的方向走来时，应立即避到一旁。

（4）人员密集的地方，应顺着人流走，切不可逆着人流前进。假如陷入拥挤的人流，一定要先站稳，身体不要倾斜失去重心。

（5）密集人流中不要蹲下，不要弯腰拾物或系鞋带。

（6）遇到台阶或楼梯时，尽量抓住扶手，防止摔倒。

（7）在人群骚动时，脚下要注意，千万不能被绊倒，抓住身边的柱子等固定物体。

（8）当发现自己前面有人突然摔倒了，要马上停下脚步，同时大声呼救。

（9）被人群拥着前进时，可以撑开手臂放在胸前，背向前弯，形成一定空间，以保持呼吸畅通。

（10）若不幸被人群拥倒后，要设法靠近墙角，身体蜷成球状，双手在颈后紧扣以保护身体最脆弱的部位。

（11）若踩踏造成伤员没有呼吸心跳，应立刻实施心肺复苏。

电梯故障

1. 电梯中途停止

（1）电梯若突然中途停止，应保持冷静，不采取过激的行为（如乱蹦乱跳）。

（2）用电梯内的电话或对讲机与外界联系，还可按下面板上的警铃报警（若手机有信号，可报警求救）。

（3）不可自行撬门爬出，以防电梯突然启动。

2. 电梯运行失控下坠

（1）迅速按下每层楼的按键，或许有机会在某一层停止下落。

（2）将整个背部和头部紧贴电梯内壁，同时下肢呈弯曲状，脚尖点地，脚跟提起，并用手抱颈，避免颈部受伤。

（3）电梯刚停止时，不要立刻出去，应先观察，确定安全后再出电梯，以防电梯突然开动。

燃气泄漏

1. 泄漏处理方法

迅速关闭阀门，打开窗户通风，然后转移到安全地带。

（1）不要使用明火。

（2）不要开关灯或电器。

（3）不要有金属摩擦。

（4）不要在泄漏点使用任何通信工具。

2. 人员中毒

（1）立刻搬离现场，安置在通风的地方。

（2）拨打 120 急救电话。

（3）若中毒人员没有呼吸、心跳，应立刻实施心肺复苏。

防恐

（1）不要惊慌，不要引起对方警觉，迅速离开。

（2）尽量记住时间、地点和可疑人员的体貌、衣着、口音、行为特征以及携带物品及接触人员。

（3）离开后迅速拨打 110 报警，如实反映可疑情况并协助公安机关做好相关工作。

11

家庭医疗常识

中暑

（1）立即将患者移到通风、阴凉处，为其解开衣领，并为其扇风。

（2）用冷水或酒精擦拭全身或使用毛巾冷敷头部、腋下。

（3）饮服淡盐水，服用仁丹、十滴水或藿香正气水等解暑。

（4）如降温处理不能缓解病情，需及时送医院作进一步处理。

烧伤、烫伤

（1）遇烧烫伤时，保持镇定，小火时尽可能先灭火，再逃离。

（2）烧伤、烫伤后最重要的是要保护好创面，除去烧伤处的衣物，切记不可硬脱，不要刺破水泡。

（3）用大量流动的清水间接冲洗伤部，冲洗时间应在 20 分钟以上。

（4）不要涂抹任何药水、药粉、药膏或其他物品。

（5）烧伤病人容易出现口渴，可以少量多次口服淡盐水。

（6）烧伤严重时，速到医院处理。

止血

1. 指压止血

指压止血是用手摸准出血部位靠近心脏一端的血管，手指用力压住血管，防止血液流通，达到临时止血的目的。

2. 加压包扎止血

浅表性出血不多的伤口，可使用创可贴、纱布片、绷带等用品进行加压包扎止血。

（1）勒紧带止血法。

（2）勒紧带加垫止血法。

（3）创可贴，开 V 形，贴关节。

指压止血具体部位表

头部出血（浅动脉）	同侧耳屏前上方 1.5 厘米处
面部出血（颌外动脉 / 面动脉）	同侧下颌骨与咬肌前缘交界处
颈部出血（颈动脉）	同侧气管外侧与胸锁乳突肌前缘中段之间，注意不能同时压迫两侧颈动脉，以免引起大脑缺血
鼻出血	位于鼻唇沟与鼻翼相交的端点处
肩部、腋窝、上臂出血	同侧锁骨上窝中部的搏动点（锁骨下动脉）至深处的第一根肋骨
手掌、手背出血	手腕部的尺动脉和桡动脉
手指出血	手指两侧的指动脉
大腿出血	大腿上端腹股沟中点稍下方的股动脉
足部出血	足背中部近足腕处（胫前动脉）和足跟内侧与内踝（胫后动脉）

3. 止血带止血法

将伤口近心端血管压瘪而达到止血的目的，必须注意以下几点：

（1）四肢大动脉出血而其他止血方法无效时方可使用。

（2）不能与皮肤直接接触。

（3）松紧要适宜，以能止住出血为度。

（4）时间不宜过长（每隔 40 ～ 50 分钟放松一次，每次放松 3 ～ 5 分钟）。

包扎

1. 绷带包扎法

绷带包扎法

2. 三角巾包扎法

三角巾包扎法

搬运

伤病员搬运要平稳轻柔，防止损伤加重。转运途中密切观察伤病员的病情变化。搬运要注意方法，避免造成二次损伤，特别是对骨折伤员的搬运，要避免骨折断端对体内的损伤。

搭肩搬运适用于有意识、能行走、伤势较轻的伤病员。

腋下拖行搬运适用于昏迷或不能行走且体重较重的伤病员。双手从伤病员腋下伸进，抱住伤病员往后拖。

伤病员旁边有数人时的搬运方法：用担架抬，没有担架时，可用门板代替。动作要轻柔，保护伤病员颈部和腰部，平托伤病员的受伤肢体，防止损伤加重。

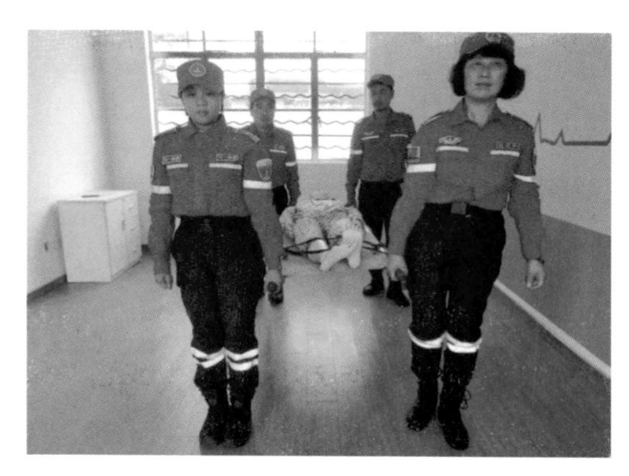

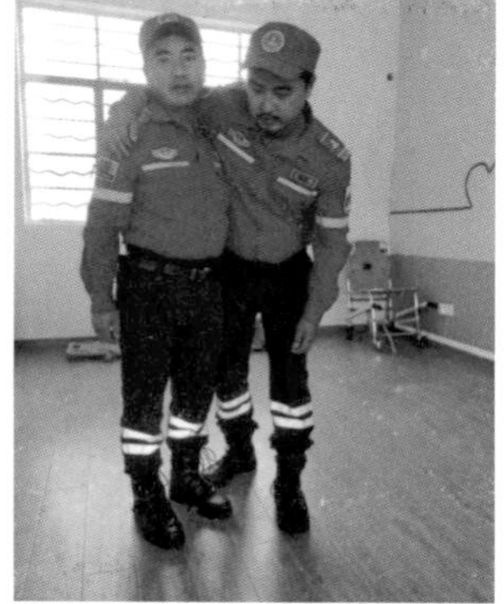

伤员搬运

气道异物堵塞

（1）咳嗽自救法。患者自行咳嗽和尽力呼吸。

（2）椅背腹部自救法。患者将上腹部迅速倾压于椅背、桌角、铁杆或其他硬物上，然后做迅猛向前倾压的动作，以造成人工咳嗽，驱出呼吸道异物。

（3）腹部手拳冲击法（海氏手法）。站在伤病员后面，一手握空心拳，拳眼置于腹部肚脐眼上方两横指处，另一手紧握此拳，快速向上、向内冲击 5 次。

（4）婴儿拍背法。将婴儿身体俯伏在救助者的前臂上，头部朝下，救助者用一只手掌支撑婴儿下颌及头部，使头部轻度后仰，略张小口，保持气道通畅的位置；用另一只手掌掌根在婴儿的背部两肩胛骨之间拍击 5 ～ 6 次，大约每秒拍击一次，拍击后，注意检查口腔中是否有异物呕出，可用小手指掏取可见异物。

特殊伤口

1. 肢体断离

（1）当发生肢体断离伤时，先对创面进行压迫包扎。

（2）断肢一般无需清洗，用无菌纱布或清洁的敷料包扎好。

（3）放入塑料袋中扎紧。

（4）最好放在冰块或冷水中，但不能让冰块直接接触到断肢。

（5）断肢应随同伤者同时送往医院。

2. 伤口异物

当伤口有异物插入时，切记不可随意拔除，应先固定好异物，再包扎送往医院救治。

心肺复苏

心搏骤停一旦发生，如果得不到及时的抢救复苏，4 ～ 6 分钟后会造成患者脑部和其他重要器官组织的不可逆损害，因此心搏骤停后的心肺复苏（Cardiopulmonary Resuscitation, CPR）必须在现场立即进行。

（1）评估现场环境安全性。

（2）检查反应和呼吸。用双手轻拍患者双肩并大声呼喊：“你怎么了？”同时检查呼吸。

（3）判断是否有颈动脉搏动。用右手的中指和食指从气管正中环状软骨划向近侧颈动脉搏动处，感触脉搏至少 5 秒。

检查反应和呼吸　　判断是否有颈动脉搏动

（4）呼救。如患者无反应且无呼吸或呼吸不正常（即仅喘息），应呼叫帮助，指派人拨打 120 急救电话，并指派人去取自动体外除颤器。

指派人拨打 120 急救电话，并指派人员去取除颤器

（5）松解衣领及裤带。到患者的一侧，确保患者仰卧在坚固的平坦平面上。

（6）胸外心脏按压。两乳头连线中点（胸骨中下 1/3 处），用左手掌跟紧贴病人的胸部，两手重叠，左手五指翘起，双臂伸直，用上身力量用力按压 30 次，按压频率至少 100 次／分，按压深度至少 5 厘米。

（7）开放气道。仰头抬颌法，要求口腔无分泌物，无假牙。

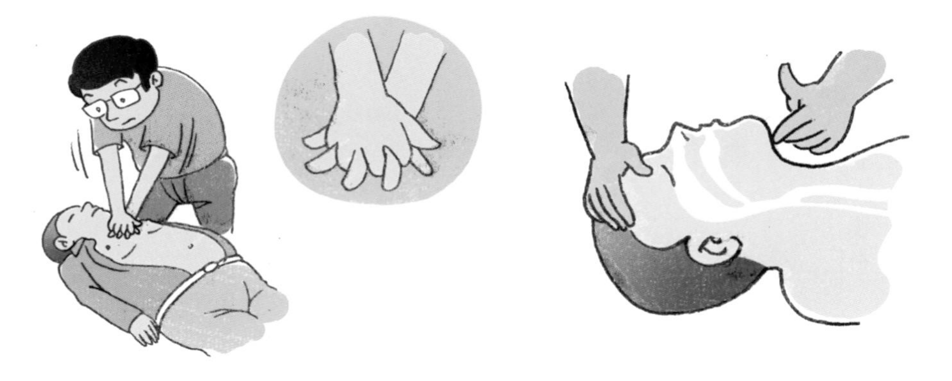

胸外心脏按压　　　　仰头抬颌法，口腔无分泌物

(8) 人工呼吸。应用简易呼吸器，一手以“E-C”手法固定面罩，一手挤压气囊，每次送气 400 ～ 600 毫升，频率为 10 ～ 12 次 / 分。同时观察胸廓是否隆起。

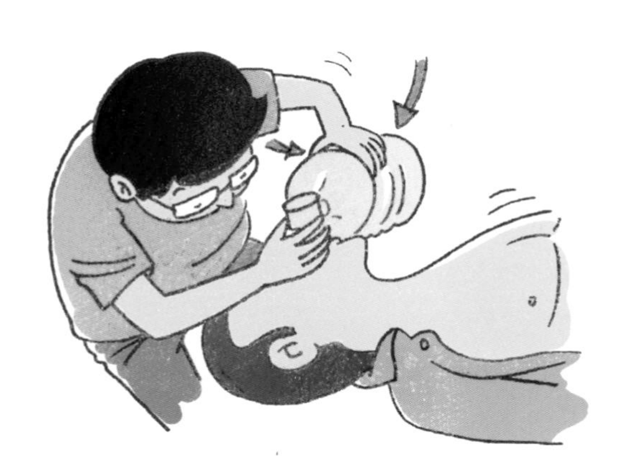

应用简易呼吸器

(9) 持续 2 分钟的高效率的 CPR。心脏按压和人工呼吸的次数按 30 ：2 进行，操作 5 个周期（心脏按压开始送气结束）。

（10）判断复苏是否有效。听是否有呼吸音，同时触摸是否有颈动脉搏动。

（11）整理病人，进一步进行高级生命支持。

自动体外除颤器（AED）

自动体外除颤器（Automated External Defibrillator，AED）又称自动体外电击器、自动电击器、自动除颤器、心脏除颤器及傻瓜电击器等，是一种便携式的医疗设备，它可以诊断特定的心律失常，并且给予电击除颤，是可被非专业人员使用的用于抢救心源性猝死患者的医疗设备。

操作步骤：

（1）开启 AED，打开 AED 的盖子，依据视觉和声音的提示操作（有些型号需要先按下电源）。

（2）给患者贴电极，在患者胸部适当的位置上，紧密地贴上电极。具体位置可以参考 AED 机壳上的图样和电极板上的图片说明。

（3）将电极板插头插入 AED 主机插孔。

（4）开始分析心律，在必要时除颤，按下“分析”键（有些型号在插入电极板后会发出语音提示，并自动开始分析心律，在此过程中请不要接触患者，即使是轻微的触动都有可能影响 AED 的分析），AED 将开始分析心律。分析完毕后，AED 会发出是否进行除颤的建议，当有除颤指征时，不要与患者接触，同时告诉附近的其他人员远离患者，由操作者按下“放电”键除颤。

（5）一次除颤后未恢复有效灌注心律，进行 5 个周期的 CPR。除颤结束后，AED 会再次分析心律，若还未恢复有效灌注心律，操作者应再进行 5 个周期的 CPR，然后再次分析心律，除颤，CPR，反复至急救人员到来。

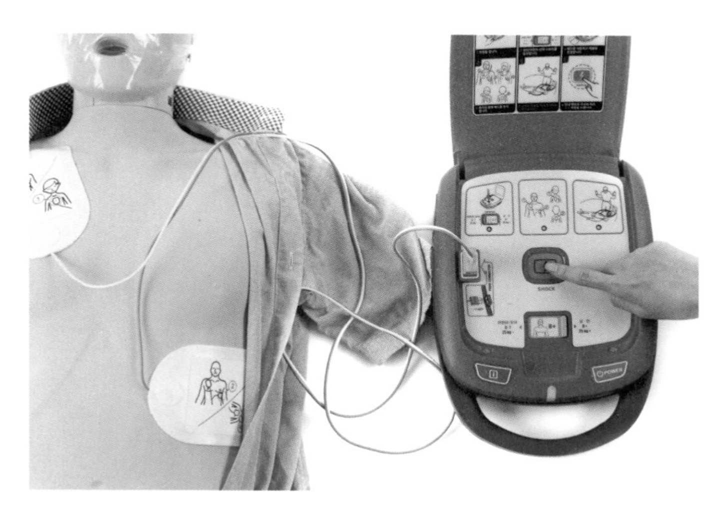

AED 设备及使用

海姆立克急救法

急救者首先以前腿弓，后腿登的姿势站稳，然后使患者坐在自己弓起的大腿上，并让其身体略前倾。然后将双臂分别从患者两腋下前伸并环抱患者。左手握拳，右手从前方握住左手手腕，使左拳虎口贴在患者胸部下方，肚脐上方的上腹部中央，形成“合围”之势，然后突然用力收紧双臂，用左拳虎口向患者上腹部内上方猛烈施压，迫使其上腹部下陷。这样由于腹部下陷，腹腔内容上移，迫使膈肌上升而挤压肺及支气管，这样每次冲击可以为气道提供一定的气量，从而使异物从气管内冲出。施压完毕后立即放松手臂，然后再重复操作，直到异物被排出。

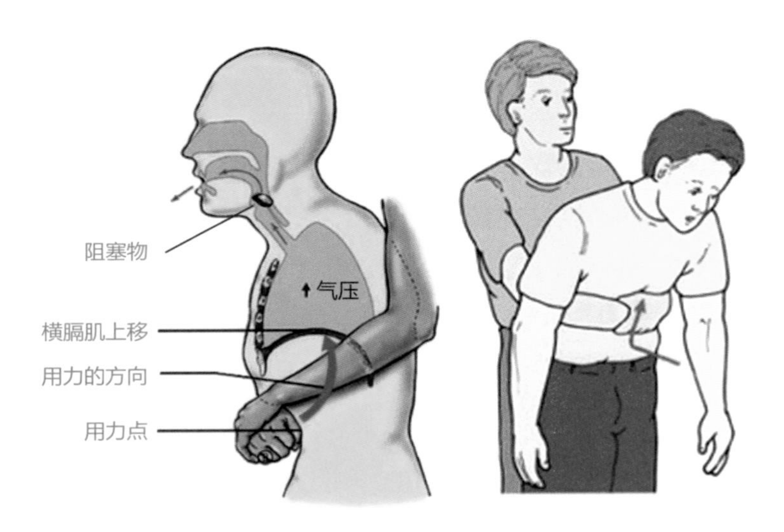

海姆立克急救法

12

常用绳结打法

单结

单结可以打在绳尾作为止绳结，防止绳子末端绽线，也可以作为 8 字结、称人结（布林结）等绳结的收尾结，也可以用来在绳子中段制作绳圈，起防滑作用。用作止绳结的单结应尽可能打在贴近主绳结的地方。

在用绳套或扁带套连接多个保护点构建保护站时，可以用单结调整绳套或扁带套的长度。

单结

双股单结

使用双绳打单结。主要用于绳尾作防脱结，挽锁和安全带连接，绳索的隔离，以及作三角站时使用。缺点是不易解开。

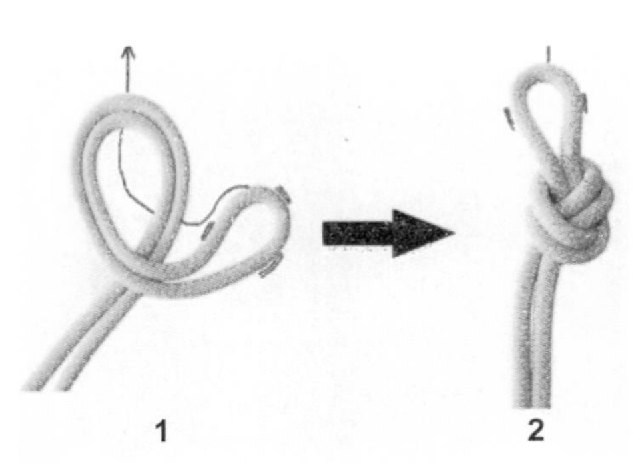

双股单结

单 8 字结

8 字结打好后会呈现“8”的形状，在意大利被称为“皇室结”。

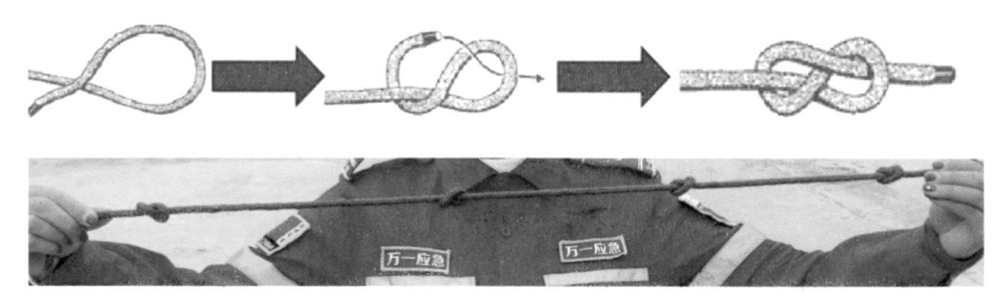

单 8 字结

双 8 字结

在绳子中段打出的双 8 字结可以用来连接保护点（顶点挂结），也可作为绳尾结，用于安全带连接牵引绳。无论是在冰雪还是岩石路线上都有效。

双 8 字结不仅打起来很容易，而且在受力时会自动收紧，收紧过程需要吸收能量，所以可以起到一定的缓冲作用。

用单绳打双 8 字结通常需要 60 厘米左右的绳长，打好之后会余出 12 厘米左右的绳尾，若再短的话，双 8 字结就可能意外失效。打好之后要把结目收紧，进一步增加 8 字结的可靠性。

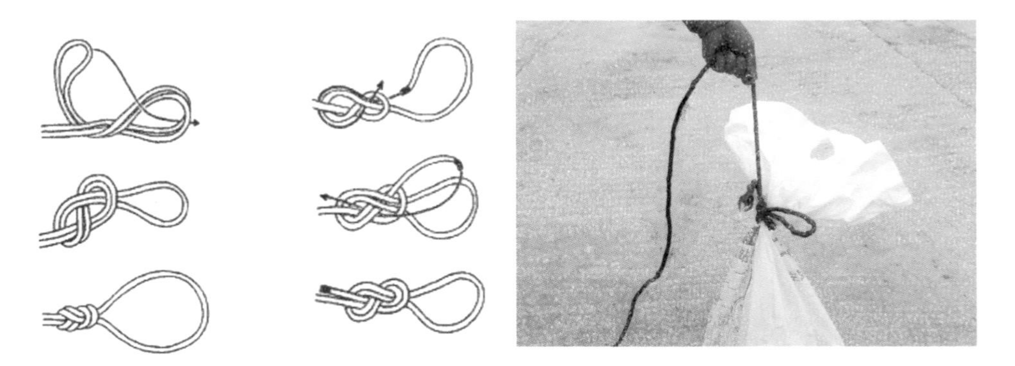

双 8 字结

反穿 8 字结

反穿 8 字结具备双 8 字结的所有优点，但使用方法不同。主要用于将攀岩绳直接连接到安全带上，围绕树木、大卵石等圆柱状、圆锥状物体系打，充当保护站使用。

具体打法：先用单股绳打一个 8 字结，然后把绳头穿过安全带的上下承重环，最后再沿原路反穿过去，把结形理顺即可。

反穿 8 字结的绳圈应与安全带保护环大小相同。如果安全带没有保护环，则可以把 8 字结的绳圈作为保护环使用，大小勉强能容纳一个拳头即可。

打好 8 字结之后，可以用余出的绳尾打一个单结或半个双渔人结作为防脱结，以免 8 字结因意外原因而失效。打好防脱结后留出的绳尾应不短于 5 厘米。

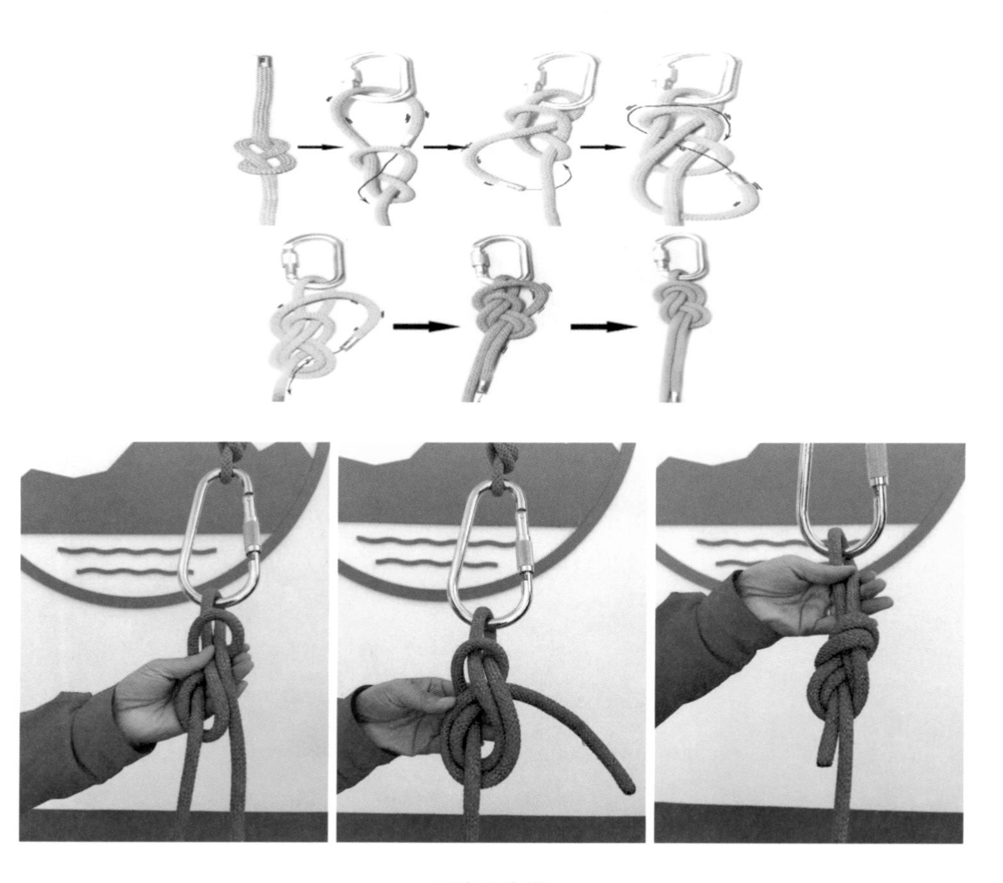

反穿 8 字结

13

紧急避难逃生器材

过滤式消防自救呼吸器（防烟面具）

过滤式消防自救呼吸器，俗称防烟面具，是一种专门过滤一氧化碳的自救器。使用时外界环境中氧气的浓度不能低于 17%，一氧化碳浓度不能大于 1.5%。过滤式自救器的过滤罐由滤尘垫、干燥剂（浸有氧化钙和氯化锂的柱状活性炭）、一氧化碳触媒（也称为霍加拉特剂，由二氧化锰和氧化铜组成）组成。

过滤式消防自救呼吸器由防护头罩、过滤装置和面罩组成，推荐使用全面罩，平时存放在固定地点。用于地上建筑内发生火灾时空气中氧气浓度不低于 17%的场所中，人员逃生时为防止一氧化碳、氰化氢等有害气体及烟雾、热气流的侵害而佩戴的一次性使用的呼吸器。

在距离起火区域很远的地方，或周边烟气温度在 65°C以下，可以拿到防烟面

1. 打开包装盒，取出呼吸器

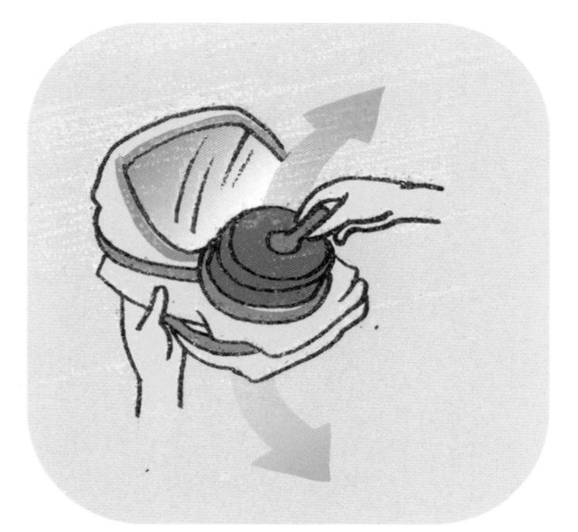

2. 按照提示拔掉滤毒罐内外两个红色橡胶塞

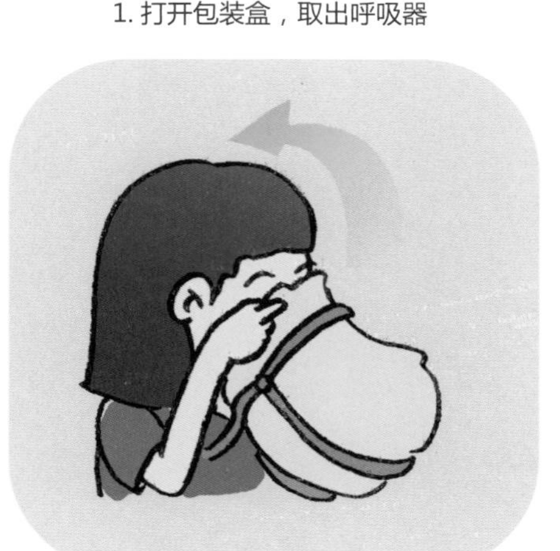

3. 双手伸进面具，将面具套住头部，视窗向前

4. 往下拉至颈部，拉紧头带，调整收缩带扣

罩的话就立即戴上逃生。逃生路线已被火、烟、热封堵，则应在避难间固守待援，此时有过滤式消防自救呼吸器的话立即戴上。使用方法如下：

（1）打开包装盒，取出呼吸器。

（2）按照提示拔掉滤毒罐内外两个红色橡胶塞，将面具套住头部，呼吸面罩透视窗向前戴好，女士长发盘进面具内。

（3）往下拉至颈部，拉紧头带，调整收缩带扣。

安全绳

（1）普通安全绳，材料为锦纶等。

（2）带电作业安全绳，材料为蚕丝、防潮蚕丝、迪尼玛、杜邦丝。

（3）高强度安全绳，材料为迪尼玛、杜邦丝、高强丝。

（4）特种安全绳，如消防安全绳材料为内芯 4.3 毫米的钢丝绳，外包裹纤维皮；海洋耐腐蚀安全绳材料为迪尼玛、帕斯特、高分子聚乙烯；耐高温绳安全绳的材料是凯芙拉，能够在 -196~204°C范围内长期正常运行，在 150°C下的收缩率为 0，在 560°C的高温下不分解、不熔化；热缩套安全绳，内芯是合成纤维绳索，外皮包裹热缩套，耐磨，防水。

安全绳

逃生缓降器

逃生缓降器建议配置在 30 米以下的楼层，安装高度为 1.6 米，安装位置应保证使用时逃生缓降器的调速器不与窗框、阳台边缘发生碰撞。

逃生缓降器应配置辅助器材，如墙边保护器、安全扶手、踏板等。使用步骤如下：

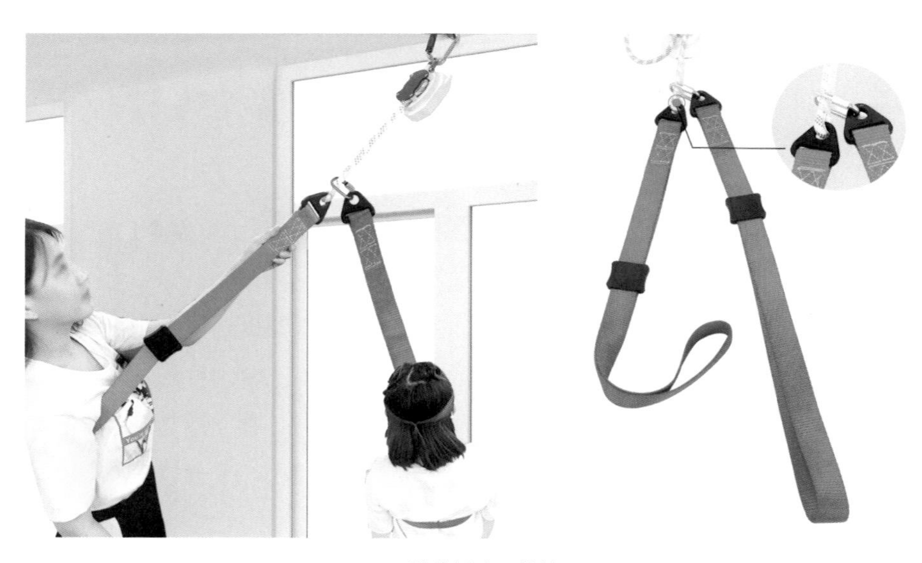

逃生缓降器的使用

1. 挂固定调速器

将调速器挂于预置安装点上，确保调速器的可靠固定。

2. 建立应急出口

戴上手套，打开固定点附近窗户或取出应急手电，利用手电上的锤尖或其他工具敲击玻璃四角并清理玻璃碎片，出口大小应能确保逃生人员顺利通过。

3. 展开绳盘

将绳索卷盘展开，确认窗外下方无人后，将卷盘自窗外丢下。

4. 穿戴安全带

将逃生安全带套于胸部双手腋下，调至舒适位置后系紧。

5. 开始缓降

爬出窗外，面对墙壁，松开双手后下降，在下降过程中，腋下夹紧安全带，防止脱落，双手轻推墙壁，防止打转。

6. 缓降着陆

落地前双膝微屈，着地站稳后脱掉安全带，供后续人员使用。

高楼快速逃生滑梯

高楼快速逃生滑梯平时可以收起，不影响楼梯日常使用，一旦遇灾，任何一层的逃生人员跑到楼梯口即可迅速启动一条以机械联动、在楼梯台阶自上而下自动连接铺展的逃生滑梯，逃生人员只要躺进滑梯即可撤离到底楼逃生。

逃生人员在通过转弯段滑槽时减速至接近零但又能继续平稳下滑。逃生人员在滑梯中的滑行状态是以“快—慢—快—慢”的速度变换，不致造成晕眩或冲出滑梯。

（1）楼梯转弯口平台放置护垫，逃生人员可将护垫扎在身后，防止滑行擦伤。

（2）逃生滑梯联动喷淋，翻下滑槽时，置于楼梯扶手下沿的自来水喷淋系统同时喷水雾，便于逃生人员自我保护。

（3）逃生滑梯联动紧急照明，翻下滑槽，同时启动紧急照明，避免夜间遇灾摸黑造成危险或伤害。

（4）逃生滑梯联动警报，翻下滑槽，同时响起警报，避免高楼人员因室内门窗紧闭不了解险情而贻误逃生自救时机，可以使高楼人员第一时间及时逃生。

逃生滑梯直道

逃生滑梯弯道

逃生滑梯联动照明

14

全国中小学生安全教育日

3 月最后一周的周一

世界卫生日

4 月 7 日

世界地球日

4月22日

全国交通安全反思日

4月30日

全国防灾减灾日

5 月 12 日

安全生产月

每年 6 月

世界环境日

6月5日

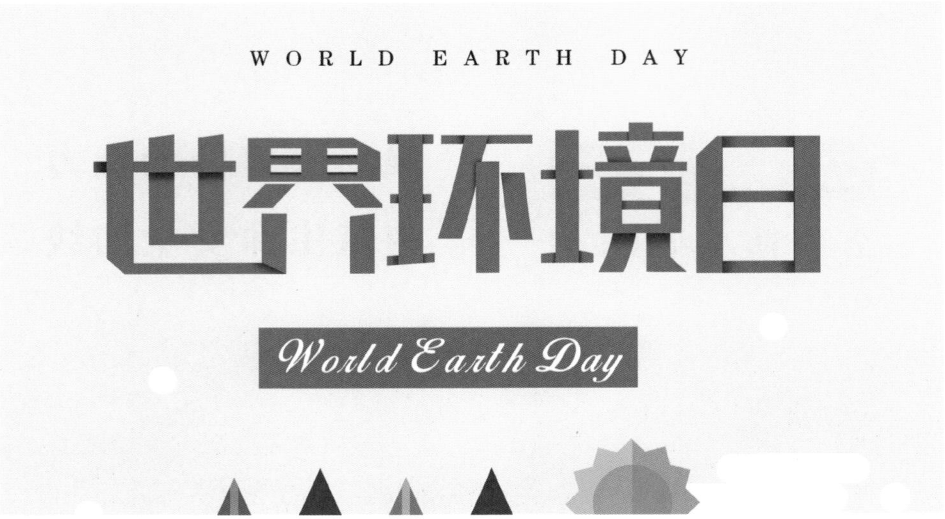

WORLD EARTH DAY

世界环境日

World Earth Day

国家消防安全日

11月9日

全国交通安全日

12月2日

国家公祭日

12月13日

后 记

《城市应急安全通识》科普书在编写过程中得到了同济大学城市风险研究院院长孙建平，地震专家夏保成，国家消防救援局特邀研究员、复旦大学腾五晓教授，市委党校董幼鸿教授，上海市应急管理局指挥中心主任谭维勇，上海市应急管理局宣传教育处处长丁宪庭，应急管理部上海消防科研所朱江、秦文岸、吴疆、王荷兰，上海应急消防工程设备行业协会、上海市静安区应急办副主任马育顺，上海万一安全科技有限公司总经理陈峰的大力支持和协助，在此一并表示感谢。

《城市应急安全通识》由于时间和水平有限，不妥之处在所难免，敬请读者批评指正。

2019 年 12 月